W0187107

LES DOSSIERS HACHETTE

LE MONDE

CYCLE 3

MARYSE CLARY

MAÎTRE DE CONFÉRENCES À L'IUFM D'AIX-MARSEILLE

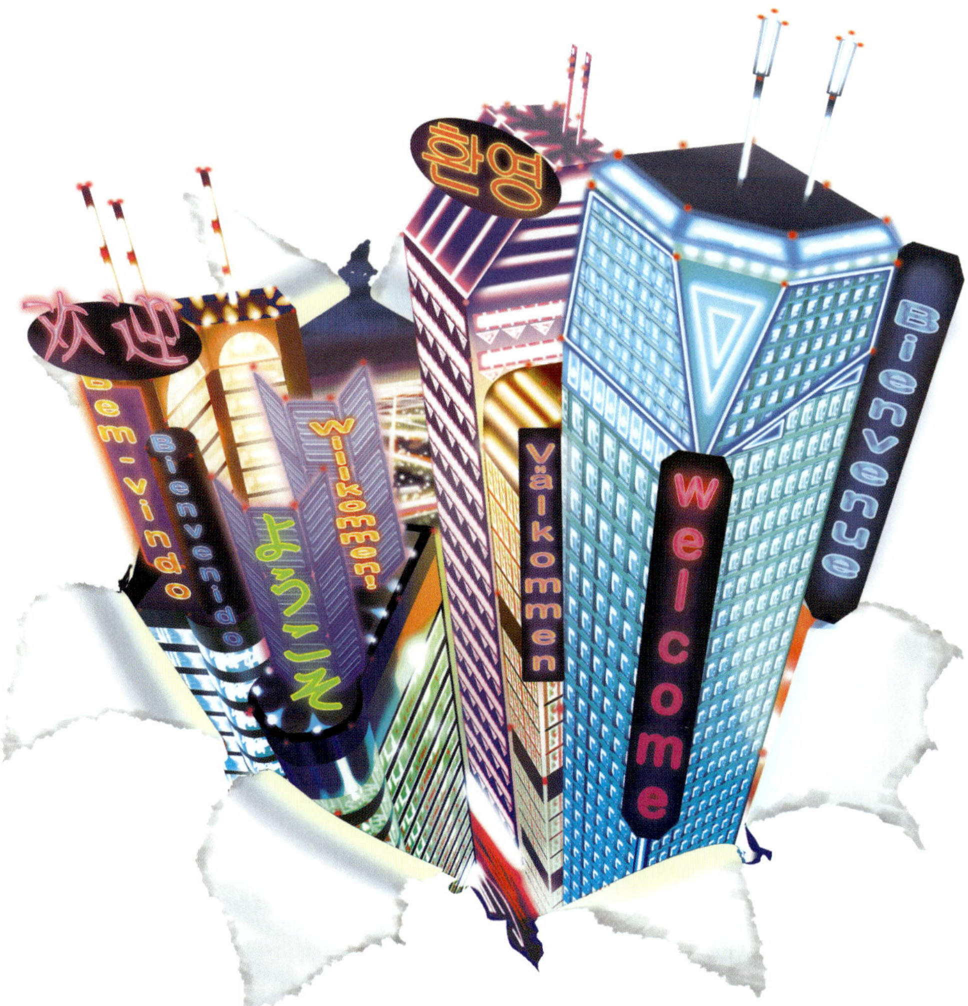

HACHETTE
Éducation

ISBN : 978-2-01-117372-0

© Hachette Livre 2007, 43, quai de Grenelle, 75905 Paris Cedex 15.

Tous droits de traduction, de reproduction et d'adaptation réservés pour tous pays.

Le Code de la propriété intellectuelle n'autorisant, aux termes des articles L. 122-4 et L. 122-5, d'une part, que les « copies ou reproductions strictement réservées à l'usage privé du copiste et non destinées à une utilisation collective », et, d'autre part, que « les analyses et les courtes citations » dans un but d'exemple ou d'illustration, « toute représentation ou reproduction intégrale ou partielle, faite sans le consentement de l'auteur ou de ses ayants droit ou ayants cause, est illicite ».
Cette représentation ou reproduction, par quelque procédé que ce soit, sans autorisation de l'éditeur ou du Centre français de l'exploitation du droit de copie (20, rue des Grands-Augustins 75006 Paris), constituerait donc une contrefaçon sanctionnée par les articles 425 et suivants du Code pénal.

AVANT-PROPOS

Étymologiquement, la géographie est l'écriture de la Terre. Mais il y a bien longtemps qu'elle a dépassé le simple stade de la description pour nous apporter une intelligence de l'espace qui nous est d'autant plus nécessaire que nous sommes les acteurs de la géographie.

Les **DOSSIERS HACHETTE** proposent une première découverte de cette discipline. L'objectif est de permettre aux élèves d'acquérir des repères spatiaux. Ils vont apprendre à les identifier, à les nommer et à les localiser. Chaque leçon donne aux élèves les premiers éléments pour comprendre le monde dans lequel ils vivent et apprendre à y découper des territoires qui ont du sens. Ils vont comprendre comment les hommes, à différentes échelles, occupent, utilisent, aménagent et organisent l'espace dans lequel ils vivent. C'est pourquoi ce dossier s'attache à mettre en évidence quelques grands contrastes existant sur la planète et à en étudier la distribution. Comprendre le monde, c'est aussi en analyser les multiples représentations et les comparer afin de développer une forme d'esprit critique indispensable pour le futur citoyen. Chaque chapitre présente ainsi une grande variété de documents (photographies, cartes, schémas, diagrammes, croquis…) qui sont les véritables outils de la géographie choisis en fonction d'une problématique et de leur pertinence pour des élèves de cycle 3.

Le dossier sur **Le monde** est découpé en huit chapitres. Chacun s'organise de la façon suivante :

– Une double page présente un type de paysage ou un problème avec une entrée par une grande photographie ou une carte, pour répondre aux questions « Quoi ? Où ? ».
– Une double page explique et approfondit le thème étudié à travers des exemples plus détaillés. L'élève peut ainsi confronter des organisations différentes l'amenant à se poser des questions (« Qui ? Pourquoi ? Comment ? ») et à saisir des dynamiques.
– Une double page « *En savoir plus sur…* », ludique et ancrée dans l'actualité, permet de rendre plus vivante cette approche des espaces mondiaux. Elle s'achève sur un « Carnet de route » qui donne leur cohérence aux documents présentés et résume la leçon.

Tous les trois chapitres, une double page « *À la manière de…* » aide les élèves à utiliser avec méthode les outils de la géographie. Elle les amène à conduire des activités d'enquête et de recherche.

Cette collection contribue à rendre l'élève apte à analyser les images, à en dépasser la vision immédiate, à comprendre comment les sociétés passées et actuelles s'inscrivent dans les paysages et à rendre le monde plus intelligible.

Maryse CLARY

SOMMAIRE

Le monde

Quelles sont les représentations

Comme la Terre est ronde, aucune carte ne permet de la représenter de façon exacte. Pour aplatir une sphère sur une feuille de papier, les cartographes sont obligés de la déformer.

Doc. 1 : Une image satellite de la Terre (la face de l'Afrique).

1. Quelle est la forme de la planète Terre ?

2. De quelle couleur sont les océans ? les continents ?

3. Quelles sont les traînées blanches qui cachent certaines parties de la Terre ?

4. Vois-tu la Terre en entier sur cette image satellite ? Pourquoi ?

de la Terre ?

5. Comment la Terre est-elle représentée ?

6. En quoi cette représentation est-elle proche de la réalité ?

7. Vois-tu toute la surface de la Terre sur ce globe ? Pourquoi ?

Doc. 2 : Un globe terrestre (la face de l'Amérique).

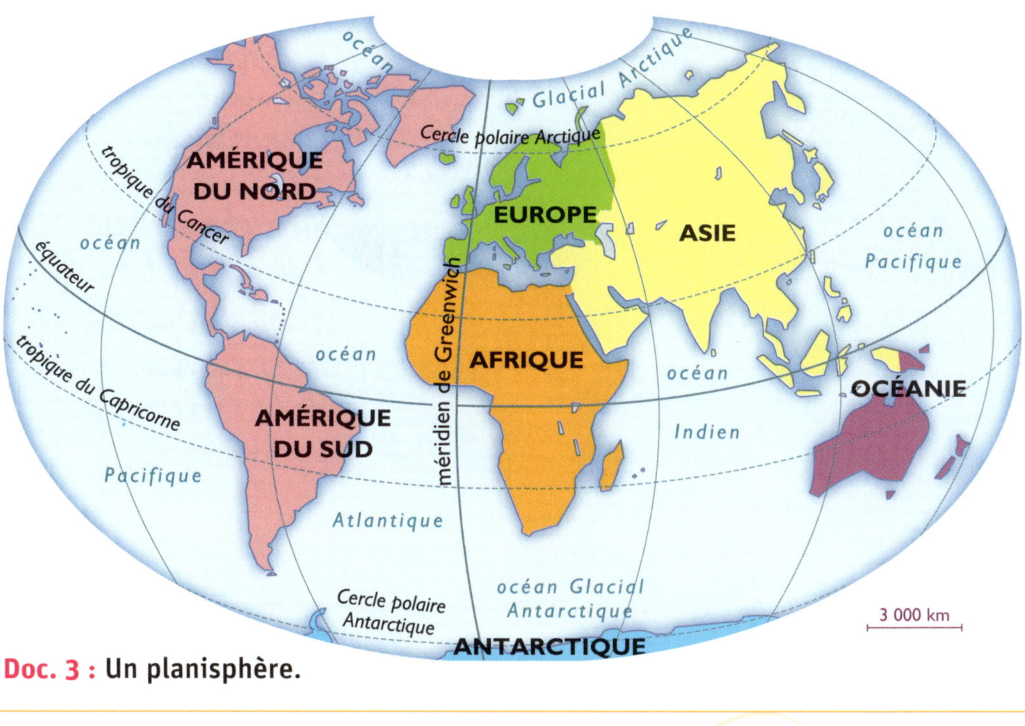

Doc. 3 : Un planisphère.

8. Qu'est-ce qu'un planisphère ?

9. Repère sur le planisphère les faces de la Terre que tu observes sur les Doc. 1 et 2.

10. Ce planisphère te permet-il d'observer toute la surface de la Terre d'un seul coup d'œil ? Pourquoi ?

Comment représenter

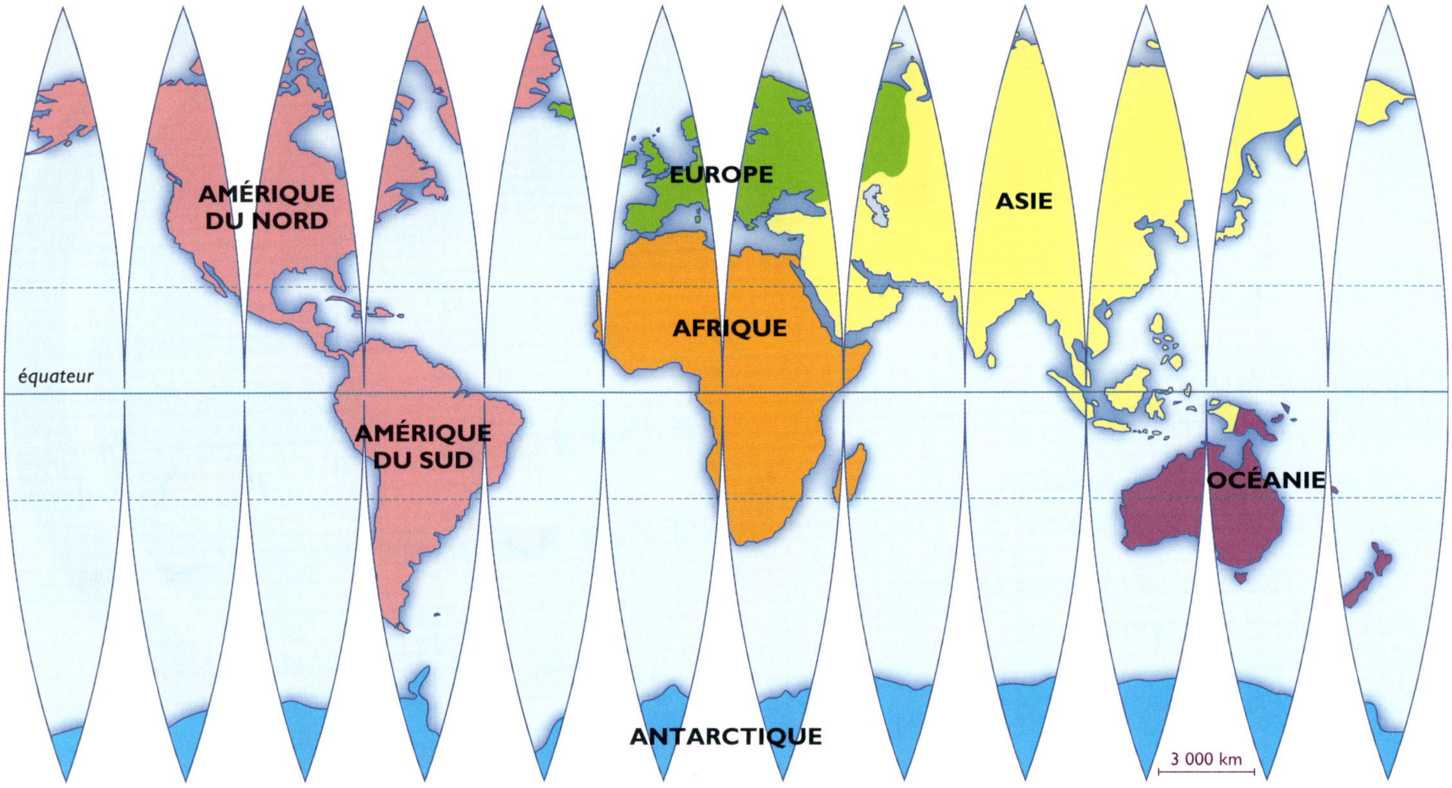

Doc. 1 : Le globe déroulé.

1. Comment le cartographe a-t-il obtenu cette représentation à plat de la Terre (Doc. 1) ?

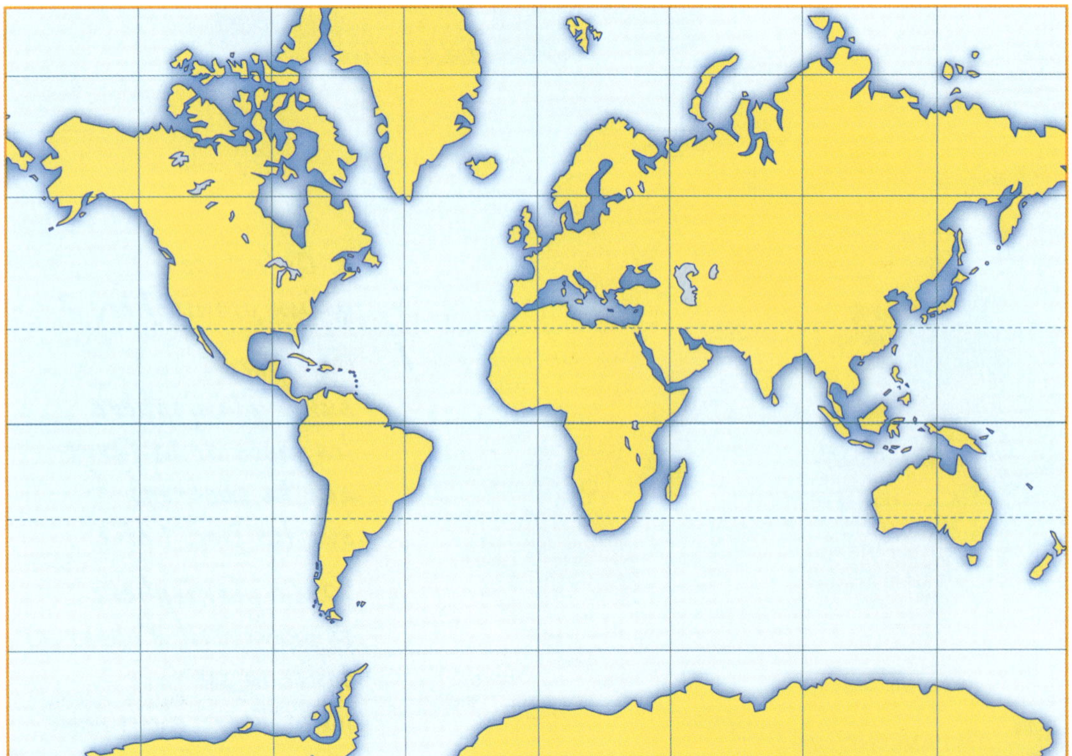

2. D'après toi, comment le cartographe est-il passé du globe déroulé à ce planisphère ?

3. Quelles parties de la surface de la Terre ont été agrandies ?

Doc. 2 : Le planisphère de Mercator.

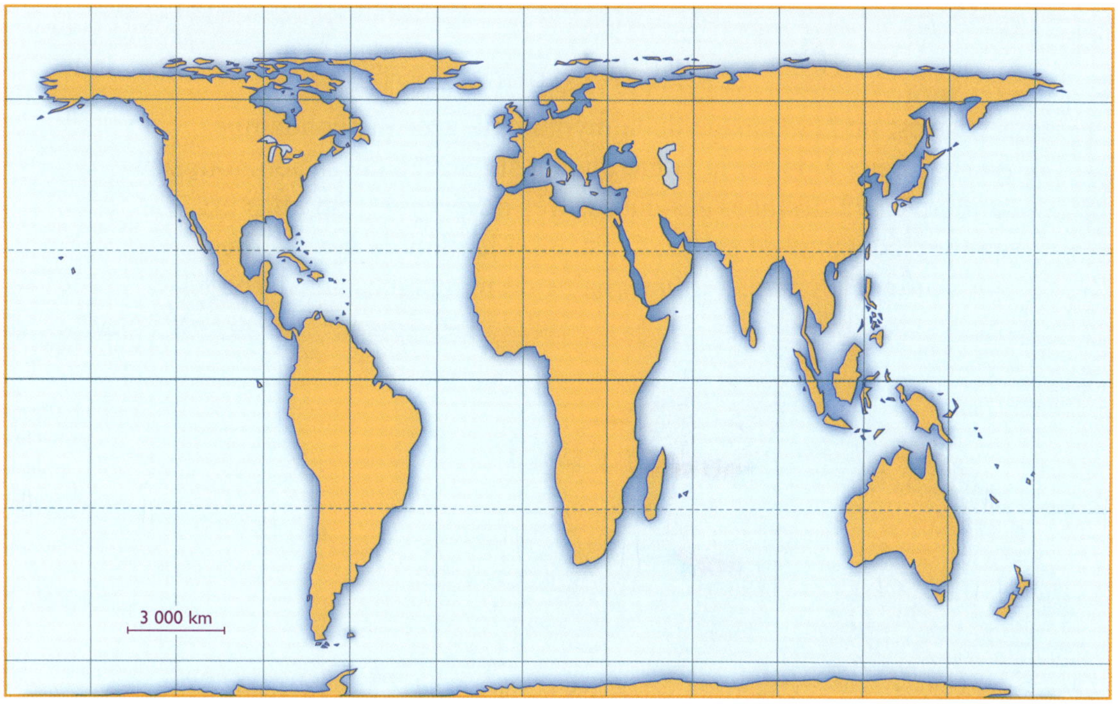

Doc. 3 : Le planisphère de Peters.

4. Compare l'Afrique et l'Amérique du Sud avec le Doc. 2. Que s'est-il passé ?

5. Que peux-tu en conclure sur les mises à plat de la Terre (Doc. 1, 2 et 3) ?

6. Quelle ligne imaginaire sépare la Terre horizontalement en deux parties égales ?

7. Comment appelle-t-on chacune de ces deux parties ?

8. Comment nomme-t-on les cercles égaux qui passent par les deux pôles ?

9. Cite les noms de quatre lignes parallèles à l'équateur.

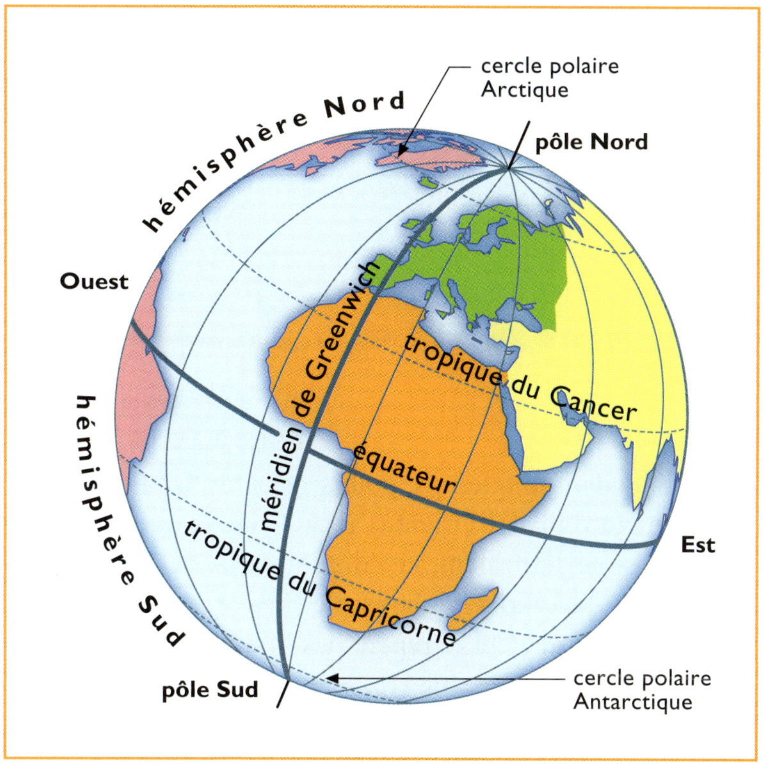

Doc. 4 : Les lignes imaginaires du globe.

En savoir plus sur… les représentations

Le géant Atlas porte la Terre

Atlas est un personnage de la mythologie grecque condamné par les dieux à porter la voûte du ciel sur ses épaules. Son nom sert aujourd'hui à désigner des choses très différentes : un atlas est un livre constitué de cartes. C'est aussi le nom de la vertèbre qui soutient le crâne et d'une chaîne de montagnes au Maroc !

Faïence autrichienne de 1750.

La Terre comme l'imaginaient les hommes avant 1492 (détail d'un manuscrit portugais, XVe siècle).

La carte dite « de Christophe Colomb »

Cette carte date d'avant la découverte de l'Amérique par Christophe Colomb en 1492. Elle représente le monde comme un disque de terres entouré d'une mer et enveloppé dans les cercles du ciel.

Se repérer grâce au Nord

Pendant longtemps, pour s'orienter, les Européens ne cherchaient pas le Nord mais l'Orient (l'Est). C'est là que le Soleil se lève et là que se situe Jérusalem, la Ville sainte. À partir du XIIe siècle, grâce à l'utilisation de la boussole (inventée au IIe siècle par les Chinois), le Nord devient le repère des hommes qui ont besoin de se déplacer (voyageurs, marins, etc.).

Le satellite SPOT

Placé en orbite à 830 km au-dessus de la Terre, le satellite SPOT tourne autour d'elle en 101 minutes. Il transmet aux scientifiques des images de la surface terrestre qui représentent chacune un espace de 60 à 80 km de côté.

Le satellite SPOT 4 est en orbite autour de la Terre depuis 1998.

LEXIQUE

Lignes imaginaires : lignes tracées par les navigateurs et les géographes pour se repérer à la surface du globe.

Planisphère : représentation à plat du globe terrestre.

Sphère : boule.

CARNET DE ROUTE

Représenter la Terre

La Terre est une sphère. Dès l'Antiquité, les hommes ont cherché à la représenter, pour mieux la connaître, pour voyager, pour faire du commerce… Pour se repérer sur la Terre, **les géographes et les navigateurs ont tracé des lignes imaginaires** (équateur, cercles polaires, Tropiques…).

Le **globe** est la représentation la plus fidèle de la Terre, puisqu'il est sphérique. Mais, sur un globe, il n'est pas possible de voir la totalité de la surface de la Terre d'un seul coup d'œil.

Les planisphères

Le **planisphère** est une carte qui représente la Terre. Il permet de voir ensemble tous les continents et les océans. Mais toute **représentation à plat** de la surface courbe de la Terre entraîne des **déformations**.

Les cartographes peuvent représenter la Terre de différentes manières (planisphères de Mercator, de Peters…). Chaque planisphère a des avantages et des inconvénients. Mais **aucun planisphère ne représente exactement la réalité de la surface terrestre**.

D'autres représentations de la Terre

L'étude des **cartes anciennes** nous permet de savoir ce que les hommes connaissaient de la planète et de quelle manière ils imaginaient le monde.

Aujourd'hui, nous connaissons bien la Terre. Les **satellites** nous envoient des images précises de la Terre vue de l'espace. Ces informations nous permettent de faire un état des lieux de la planète et d'en suivre l'évolution. Les satellites sont utilisés notamment par les scientifiques et les militaires.

Pourquoi la Terre est-elle

La surface de la Terre est constituée par les océans et les continents. Les océans occupent la plus grande partie de notre planète.

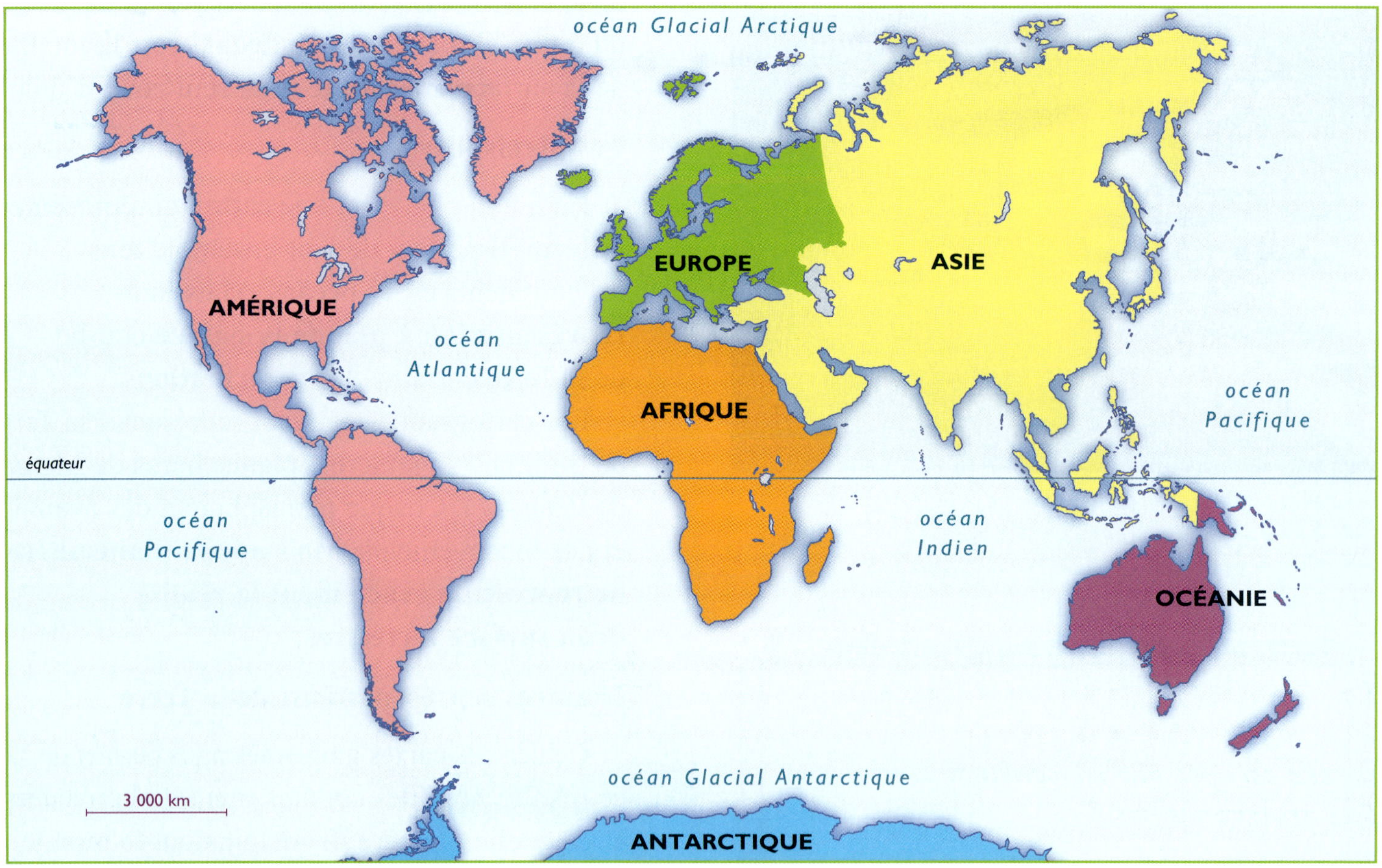

Doc. 1 : Les continents et les océans.

1. ***Combien y a-t-il de continents sur la Terre ? Nomme-les.***
2. ***Dans quel hémisphère les continents sont-ils surtout localisés ?***
3. ***Combien y a-t-il d'océans ? Nomme-les.***
4. ***Les océans et les mers sont-ils enfermés dans les terres ou communiquent-ils entre eux ?***

appelée « la planète bleue » ?

5. Par quoi est occupée cette face de la Terre ? Compare avec le Doc. 1 page 6.

6. Utilise le Doc. 1 ou un atlas pour nommer l'océan et l'île que tu observes sur cette image satellite.

Doc. 2 : La Terre vue d'un satellite.

7. Compare la superficie de la Terre occupée par les océans et celle occupée par les continents. Que remarques-tu ?

8. Quel continent occupe la plus grande superficie ?

9. Compare la superficie occupée par l'océan Pacifique et celle occupée par tous les continents réunis. Que peux-tu dire ?

10. Pourquoi appelle-t-on la Terre « la planète bleue » ?

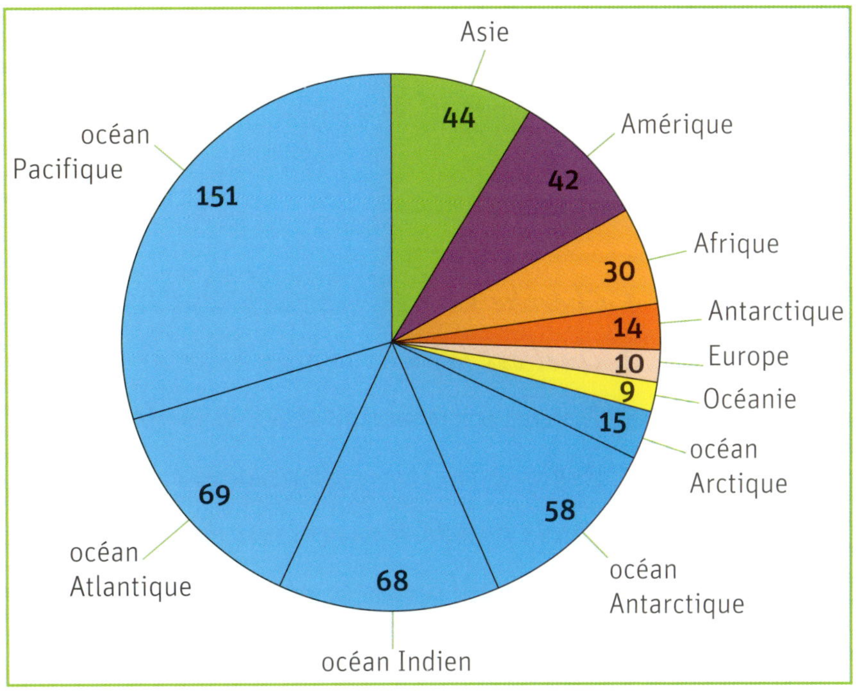

Doc. 3 : La superficie des océans et des continents en millions de km².

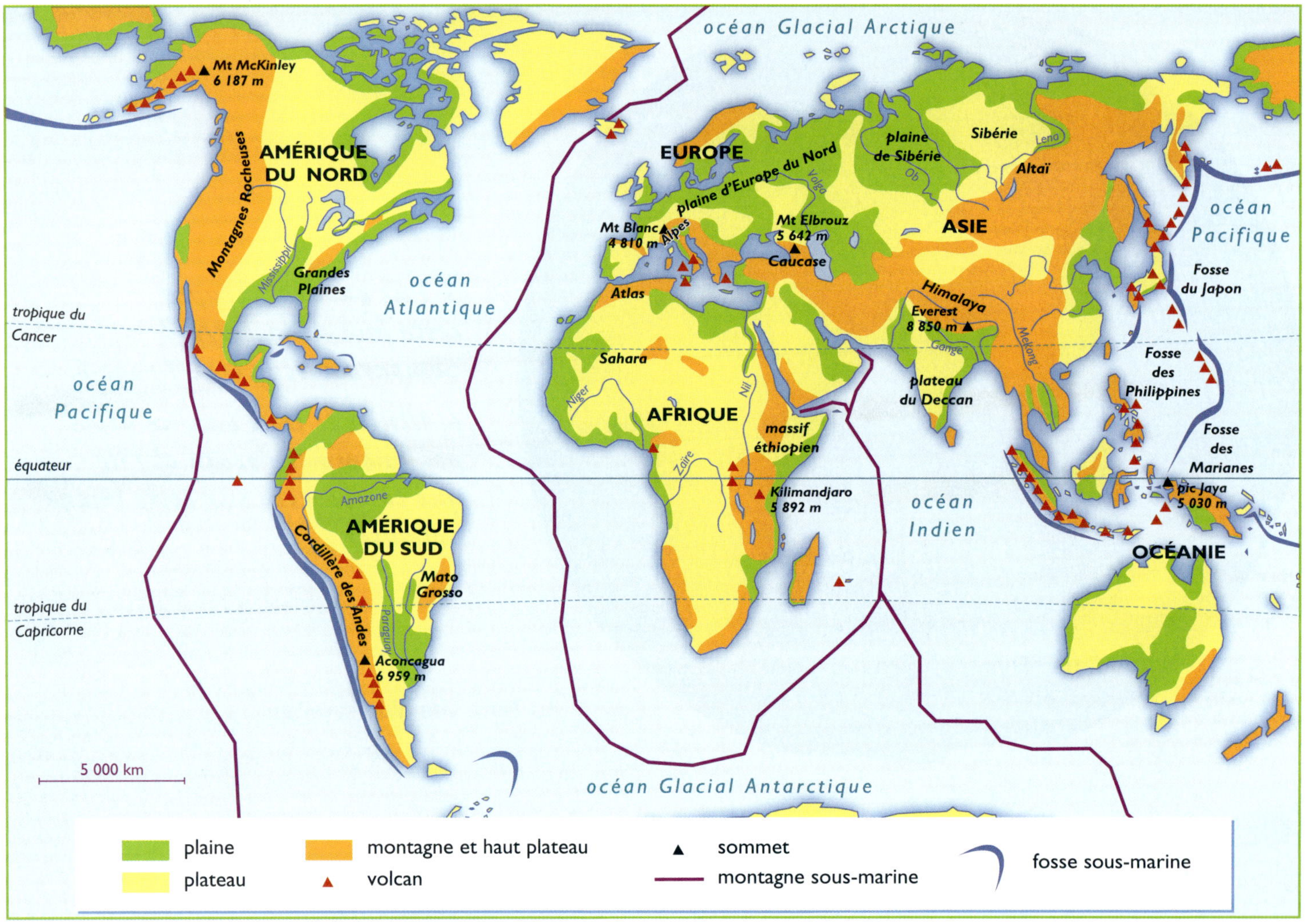

Doc. 1 : Le relief des continents et des océans.

1. *Cherche sur chaque continent les noms des principales montagnes.*
2. *Quel est le point le plus haut de la Terre ? Où se situe-t-il ?*
3. *Donne les noms de deux grandes plaines et situe-les.*
4. *Indique les noms de deux grands plateaux.*
5. *Quels reliefs trouve-t-on dans les océans ?*
6. *Dans quel océan la plupart des fosses marines se trouvent-elles ?*

Doc. 2 : Le sommet de l'Everest (Himalaya, Népal).
Des alpinistes ont installé leur camp de base avant de tenter l'ascension de l'Everest.

7. Situe ce paysage (Doc. 2) sur le planisphère du relief de la Terre (Doc. 1).

8. Quel type de relief observes-tu ?

Doc. 3 : La plaine de l'Amazone (Brésil).
L'étendue d'eau que l'on aperçoit à l'horizon est une partie du delta du fleuve Amazone.

9. Situe ce paysage (Doc. 3) sur le planisphère du relief de la Terre (Doc. 1).

10. Quel type de relief observes-tu ?

Gondwana, le continent perdu

Il y a environ 200 millions d'années, l'Amérique du Sud et l'Afrique étaient soudées. Elles ne formaient qu'un seul continent, le Gondwana, qui, en se disloquant, a formé les continents actuels. Chaque année, l'Amérique s'éloigne un peu plus de l'Afrique de quelques centimètres (2 à 18 cm par an).

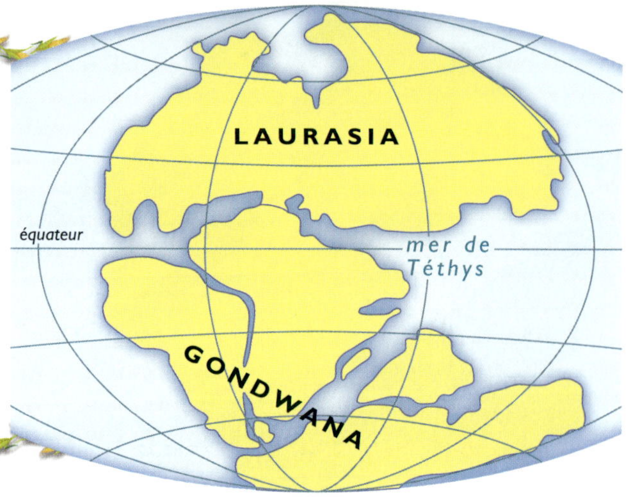

La Terre il y a 200 millions d'années.

Au secours, la Terre se noie !

Certaines îles, comme Vanuatu en Polynésie ou les Maldives, ainsi que certaines villes littorales, comme La Nouvelle-Orléans ou Venise, sont menacées de disparition. Le niveau de la mer augmente sous l'effet du réchauffement climatique.

Un atoll dans l'archipel des Maldives (océan Indien).

Un touriste « flotte » sur la mer Morte (Israël).

Pourquoi l'eau de mer est-elle salée ?

À l'origine, l'eau de mer était douce. Au cours de centaines de millions d'années, elle s'est chargée de sel provenant de la décomposition des roches sous-marines. La mer Morte est la mer la plus salée du monde : on y flotte beaucoup mieux que dans les autres mers. Pas besoin de bouée !

les continents

Quelle heure est-il ?

Tous les pays du monde ne vivent pas à la même heure. En tournant autour du Soleil, la Terre a toujours une de ses faces éclairée – il y fait jour – tandis que l'autre est dans l'ombre, donc dans la nuit. Quand il est 21 heures à Sydney, il est 7 heures à New York et 15 heures à Moscou.

Les différentes heures sur la Terre.

LEXIQUE

Continent : immense étendue de terre entourée d'océans.

Océan : très vaste étendue d'eau salée.

Plaine : étendue plane et basse.

Plateau : étendue plate dans laquelle les vallées sont encaissées.

CARNET DE ROUTE

La planète bleue

Les terres émergées se répartissent en **six continents : l'Europe, l'Asie, l'Afrique, l'Amérique, l'Océanie et l'Antarctique**.

Entre ces continents s'étendent **cinq océans** qui occupent **les trois quarts de la surface de notre planète : l'océan Pacifique, l'océan Atlantique, l'océan Indien, l'océan Glacial Arctique et l'océan Glacial Antarctique**. L'océan Pacifique est plus grand que tous les continents réunis.

Les mers sont des étendues d'eau salée de plus petite taille. Elles se situent en bordure des continents.

Le relief des continents et des océans

Les continents sont surtout localisés dans l'hémisphère Nord. Leur surface n'est pas uniforme.

On distingue **trois grands types de reliefs** :

– des **montagnes au relief élevé et accidenté**. Elles forment des **massifs** (le massif éthiopien) ou de longues **barrières** (les montagnes Rocheuses et la cordillère des Andes en Amérique, les Alpes en Europe, l'Himalaya en Asie) ;

– des **plaines**, où les rivières coulent lentement (plaines de Russie en Europe, de Sibérie en Asie, du Mississippi et d'Amazonie en Amérique) ;

– des **plateaux** à la surface plane mais plus élevée que les plaines (le Mato Grosso en Amérique du Sud, la majeure partie de l'Afrique, le Deccan en Inde).

Le fond des océans est creusé de **fosses profondes** et parcouru par des montagnes. Si nous connaissons aujourd'hui presque toute la surface de la Terre, les fonds sous-marins restent encore à explorer.

Quels sont les

Les climats sont très différents sur la Terre.
Le froid est constant aux Pôles,
la chaleur est permanente sous les Tropiques.
Certaines régions se caractérisent par une forte humidité,
d'autres par la sécheresse.

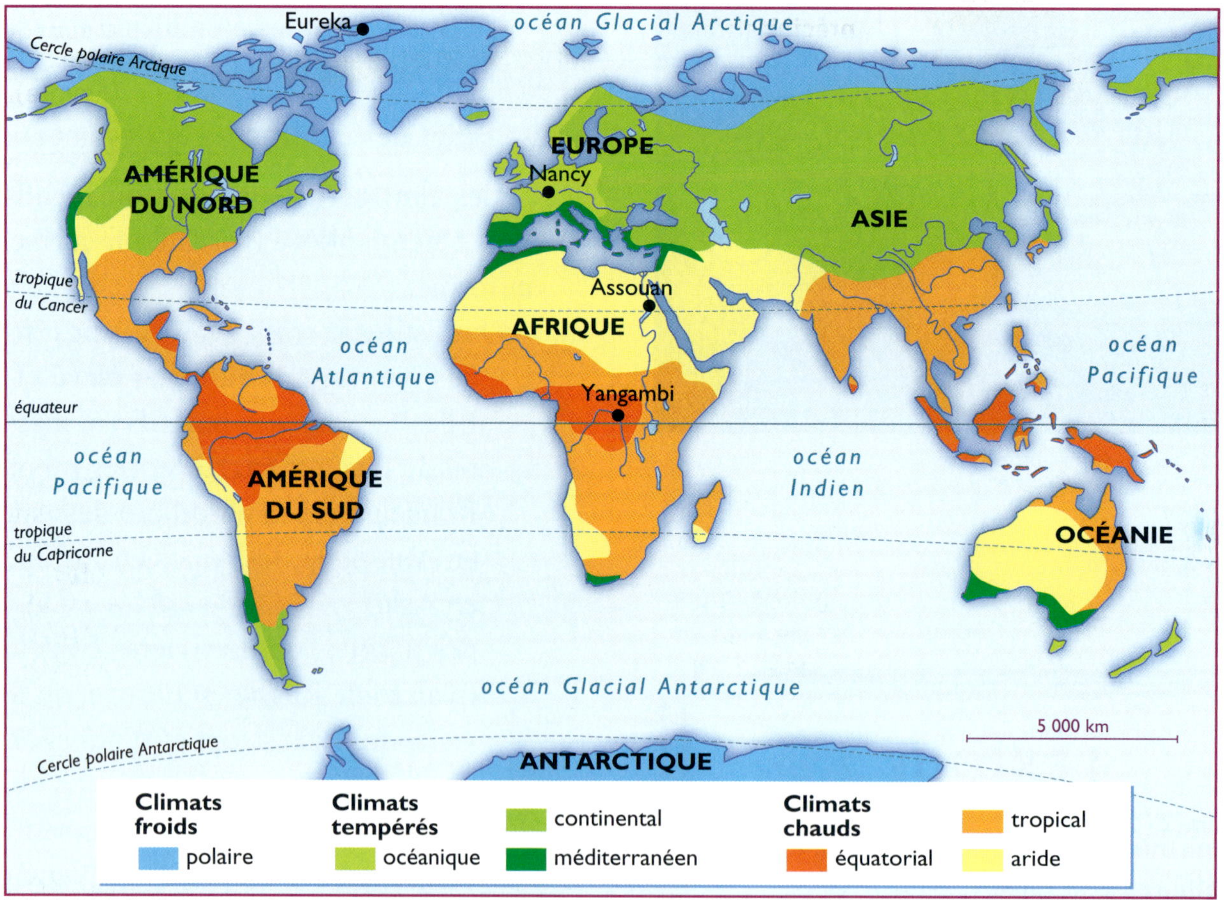

Doc. 1 : Les grandes zones climatiques dans le monde.

1. Quelles sont les trois grandes zones climatiques sur la Terre ?

2. Où ces zones sont-elles situées ?

3. Compare les climats présents dans l'hémisphère Nord et dans l'hémisphère Sud. Que constates-tu ?

principaux climats ?

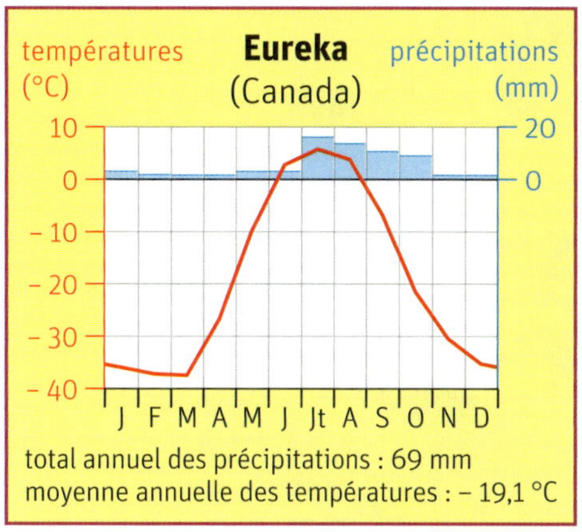

Doc. 2 : Le diagramme des températures et des précipitations à Eureka (Canada).

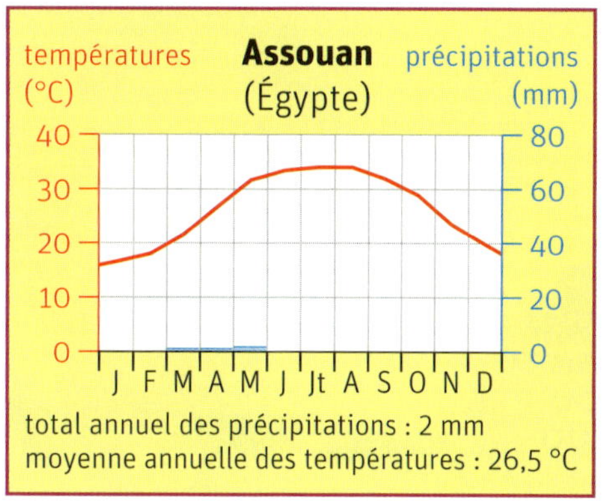

Doc. 3 : Le diagramme des températures et des précipitations à Assouan (Égypte).

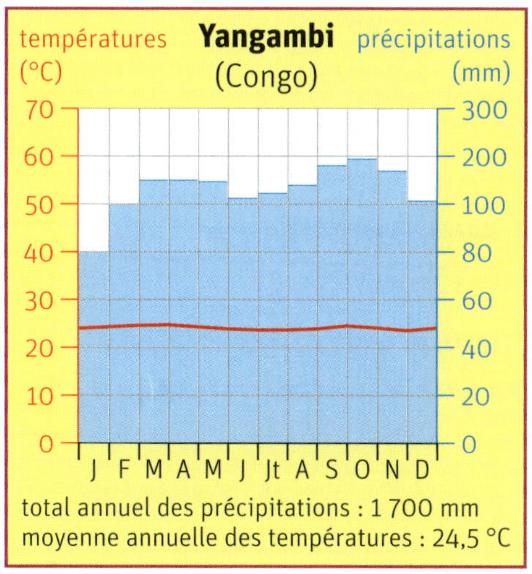

Doc. 4 : Le diagramme des températures et des précipitations à Yangambi (Congo).

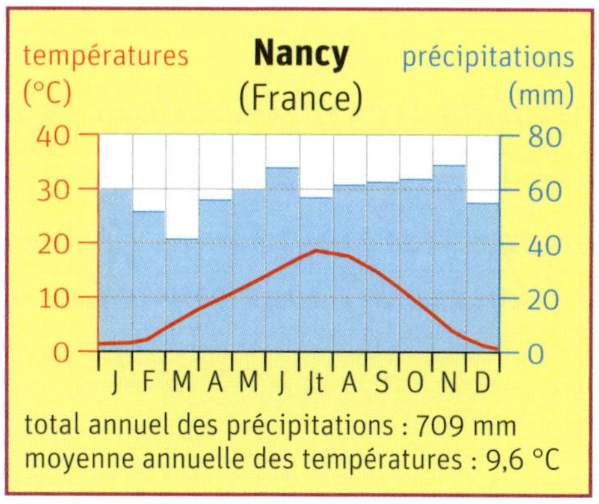

Doc. 5 : Le diagramme des températures et des précipitations à Nancy (France).

4. Dans quel climat chacun de ces lieux se situe-t-il ? Repère-les sur le Doc. 1.

5. Pendant combien de mois les températures sont-elles inférieures à 0 °C à Eureka (Doc. 2) ?

6. Les précipitations y sont-elles abondantes ?

7. Décris la courbe des températures à Assouan tout au long de l'année (Doc. 3).

8. Que peux-tu dire des précipitations à Assouan (Doc. 3) ?

9. Quelle est la température à Yangambi en janvier (Doc. 4) ? en août ?

10. Décris les précipitations tout au long de l'année à Yangambi (Doc. 4).

11. Observe la courbe des températures de Nancy (Doc. 5), puis décris le climat tempéré.

Quels sont les milieux de vie

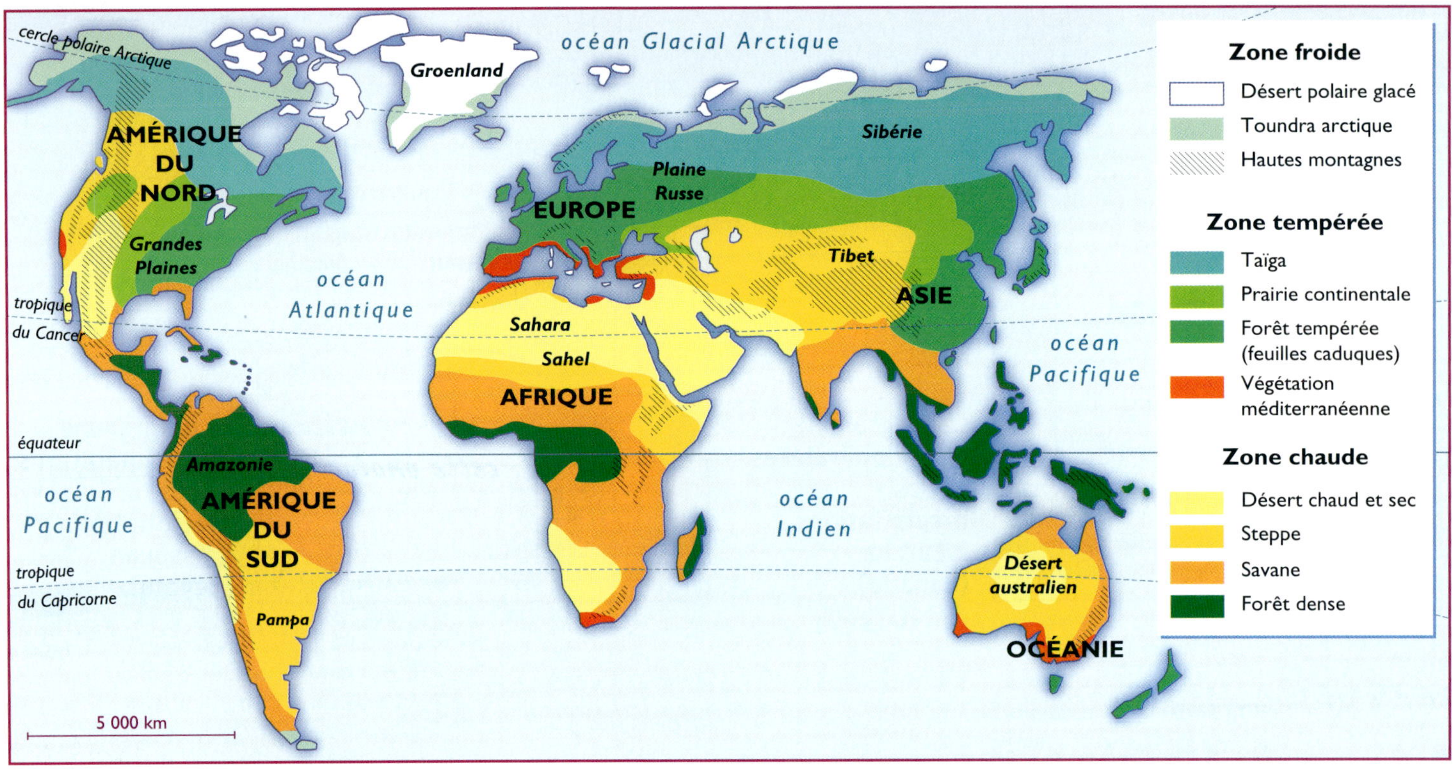

Doc. 1 : Les milieux de vie des hommes.

1. Quel type de végétation trouve-t-on dans la zone froide ? dans la zone tempérée ? dans la zone chaude ?

2. Aide-toi des diagrammes climatiques de la page 19 et explique pourquoi certaines régions de la zone chaude (Yangambi) sont couvertes par la forêt dense alors que d'autres (Assouan) sont désertiques.

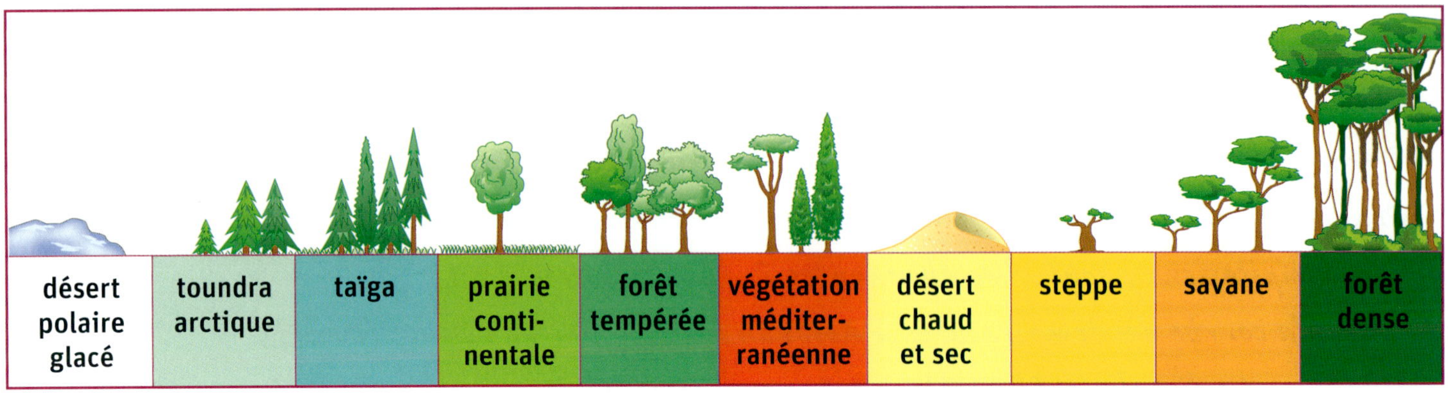

Doc. 2 : Les paysages végétaux du pôle Nord à l'équateur.

3. Y a-t-il de la végétation dans les déserts ? Pourquoi ?

4. Sous quel climat se trouve la toundra ? la taïga ?

Doc. 3 : La forêt dense (Costa Rica).
L'homme paraît petit au pied de ce kapokier, un arbre géant de 60 m de haut !

5. Décris cette végétation.

6. Dans quelle région du globe trouve-t-on la forêt dense ? Aide-toi de la carte page 20.

7. À quel diagramme climatique (Doc. 2, 3, 4 et 5 page 19) peux-tu rattacher cette photographie ?

Doc. 4 : Une caravane dans le désert du Sahara (Algérie).

8. Qu'est-ce qui caractérise ce désert (Doc. 4) ?

9. À quel diagramme climatique (Doc. 2, 3, 4 et 5 page 19) peux-tu le rattacher ?

10. Explique pourquoi la vie est difficile dans ce milieu.

Doc. 5 : La prairie du parc de Yellowstone (Wyoming, États-Unis).

11. À quelle zone climatique cette végétation appartient-elle ?

12. Décris ce paysage.

Une galerie marchande à Montréal

L'hiver est très froid à Montréal (Canada). Pour que les habitants puissent continuer à vivre normalement malgré la neige, une gigantesque galerie souterraine a été construite : une deuxième ville sous la ville, à l'abri des excès du climat !

Des bananiers sous serre.

Des bananiers en Islande

En Islande, les eaux chaudes volcaniques sont utilisées pour chauffer les serres où poussent les bananiers.

La jungle du Douanier Rousseau

Le peintre français Henri Rousseau (1844-1910) a peint la forêt dense avec son imagination poétique et son goût de l'exotisme. Pourtant, il n'avait jamais voyagé hors de France !

« Les Tropiques », tableau peint en 1910 par le Douanier Rousseau.

La Nouvelle-Orléans (États-Unis), le 30 août 2005.

Le cyclone Katrina

Bâtie sous le niveau de la mer, La Nouvelle-Orléans a été dévastée par un cyclone en 2005. Les vents et la mer déchaînée ont fait céder les digues qui protégeaient la ville. Le bilan a été terrible : plus de 1 000 morts et des milliers de blessés et de réfugiés.

Les neiges du Kilimandjaro

Le Kilimandjaro est le plus haut sommet d'Afrique (5 892 m). En quatorze ans, à cause du réchauffement climatique, les neiges du Kilimandjaro ont presque entièrement fondu. Elles auront probablement disparu en 2020.

Le Kilimandjaro, en 1992 (Kenya).

Le Kilimandjaro, en 2006 (Kenya).

LEXIQUE

Climat : ensemble de types de temps qui se succèdent au cours d'une année. Le climat se définit par les températures et les précipitations.

Milieu : espace défini par la végétation, les animaux, le climat et le relief.

Précipitation : humidité qui tombe du ciel sous forme de pluie, de neige ou de grêle.

CARNET DE ROUTE

Des climats variés

Les **climats** de la Terre sont variés. **Trois zones climatiques** se succèdent des Pôles à l'équateur :
- **la zone polaire** où règne un climat glacial pendant 9 à 10 mois de l'année ;
- **la zone tempérée** avec **quatre saisons** bien marquées (printemps, été, automne, hiver) ;
- **la zone chaude** où la température est toujours élevée. Dans la zone chaude, il existe trois types de climats selon l'abondance des **précipitations** : le **climat équatorial** avec des pluies très abondantes tout au long de l'année ; le **climat tropical** qui se caractérise par l'alternance d'une saison sèche et d'une saison humide. Enfin, le **climat désertique** avec des précipitations quasiment nulles.

Des milieux de vie variés

Les **milieux** de vie dépendent des climats. C'est pourquoi ils sont également variés.

Dans la **zone polaire**, la **toundra** est constituée d'herbes rases.

Dans la **zone tempérée**, la **forêt de feuillus** et la **prairie** ont été remplacées par des cultures.

Dans la **zone chaude**, le milieu dépend de la plus ou moins grande quantité d'eau.
- Dans la zone équatoriale très arrosée, on trouve la **forêt dense**, toujours verte.
- Dans la zone tropicale où existe une saison sèche, ce sont les hautes herbes de la **savane**.
- Dans la zone **désertique**, l'absence de pluie entraîne l'absence de végétation.

Les hommes s'adaptent à tous les climats

Aujourd'hui, l'homme vit de façon permanente sur presque toute la Terre, même là où le climat est hostile. **L'homme a souvent remplacé la végétation naturelle par des cultures.**

J'analyse une carte thématique

Les cartes thématiques représentent un phénomène ou son évolution.
Elles permettent d'observer des phénomènes visibles, comme la végétation, ou des phénomènes invisibles mais que l'on peut mesurer, comme les densités de population.

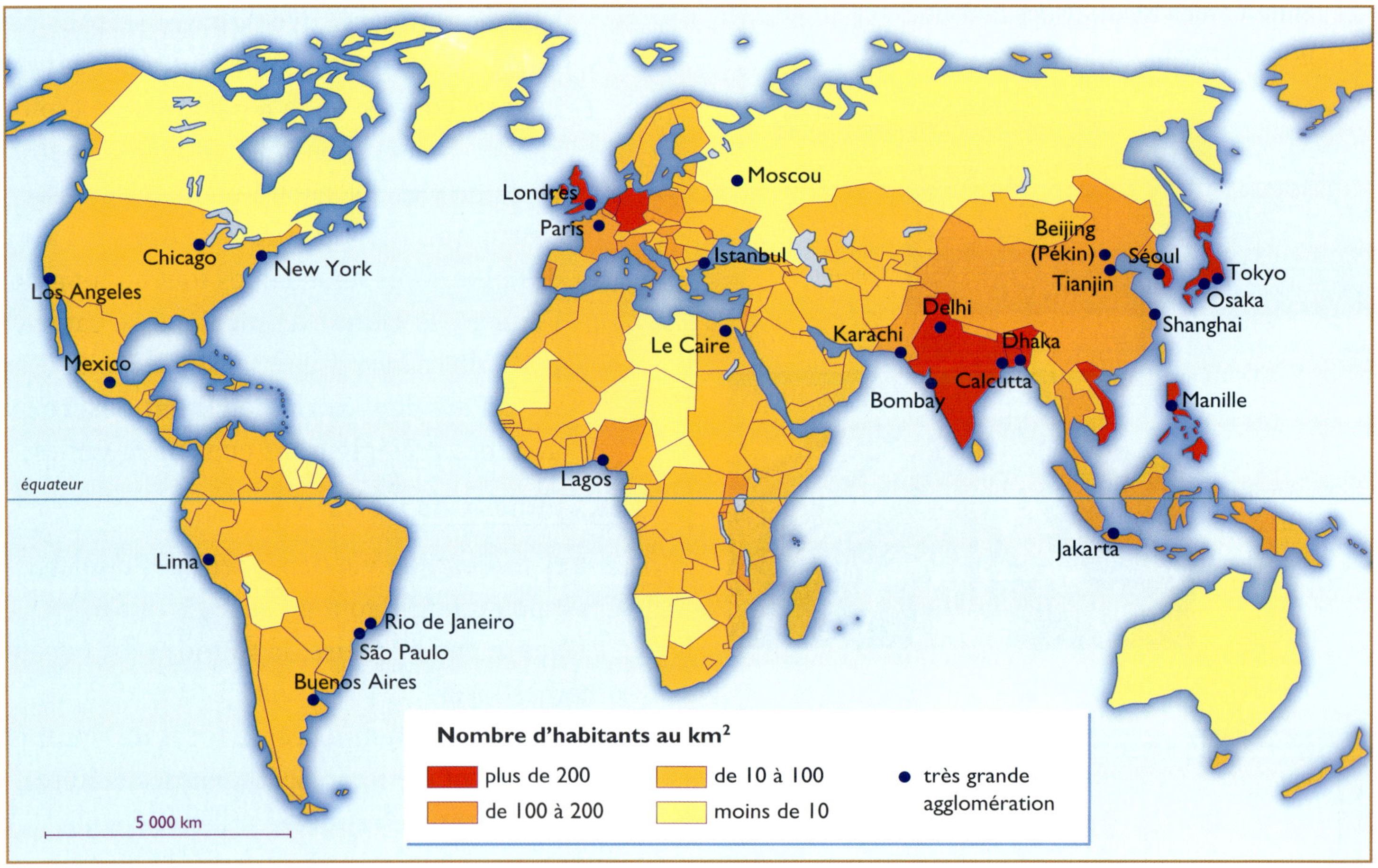

Les densités de population dans le monde.

Pour comprendre et analyser une carte thématique, tu dois suivre plusieurs étapes.
- Lis le titre de la carte : il t'indique le phénomène représenté.
- Analyse la légende. Elle est composée de rectangles de couleurs, du jaune au rouge qui correspondent à des densités de population. Les couleurs sont de plus en plus foncées au fur et à mesure que les densités de population sont plus importantes.
- Explique la carte en montrant les différences de densité de population :
  – selon les pays ;
  – selon les continents.

un cartographe

Je comprends la densité de population

Ces deux carrés A et B ont la même superficie : 1 km². Ils représentent chacun un territoire avec ses habitants.

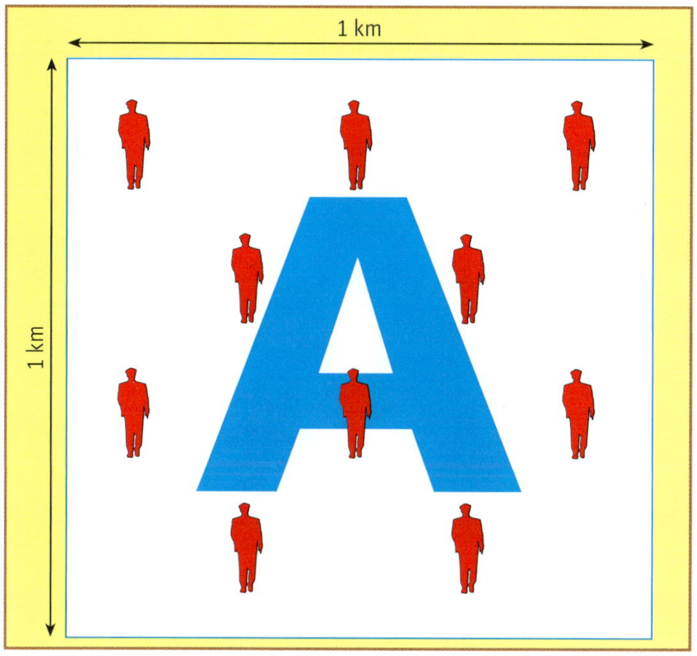

Un carré de 1 km de côté avec 10 habitants.

- 10 habitants vivent dans le territoire A.
  La densité de population est de 10 habitants par km².

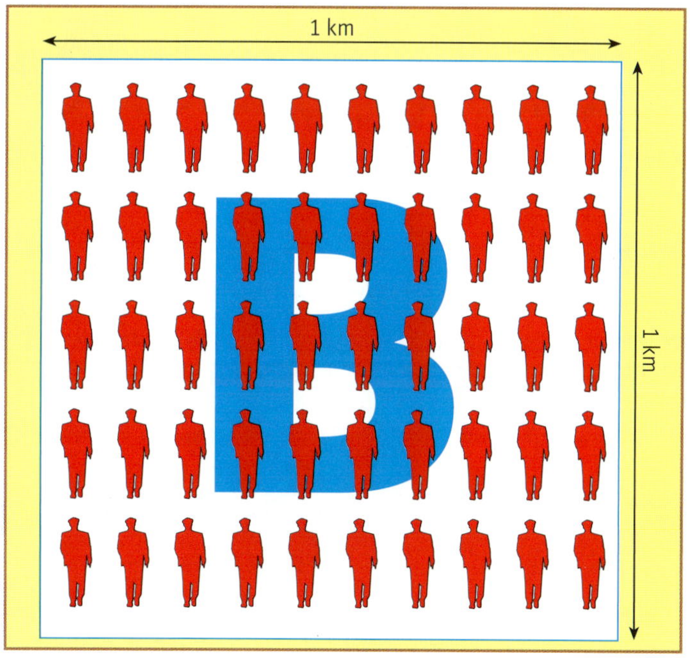

Un carré de 1 km de côté avec 50 habitants.

- 50 habitants vivent dans le territoire B.
  La densité de population est de 50 habitants par km².

Je calcule des densités de population

Avec tes camarades, calcule la densité de ta classe, puis celle de la cour de récréation.
- Mesure la longueur et la largeur de ta classe en mètres, puis calcule son aire en m².
- Compte le nombre de personnes présentes dans la classe.
- Divise ce nombre par la superficie de la classe. Tu obtiens la densité de population par m².
- Procède de la même façon pour la cour de récréation. Attention : seuls les élèves de la classe doivent aller dans la cour.

Quel espace a la densité de population la plus forte ?

Où vivent les êtres

Les 6,5 milliards d'êtres humains se répartissent très inégalement sur la Terre. Certaines régions sont presque vides, d'autres sont très fortement peuplées.

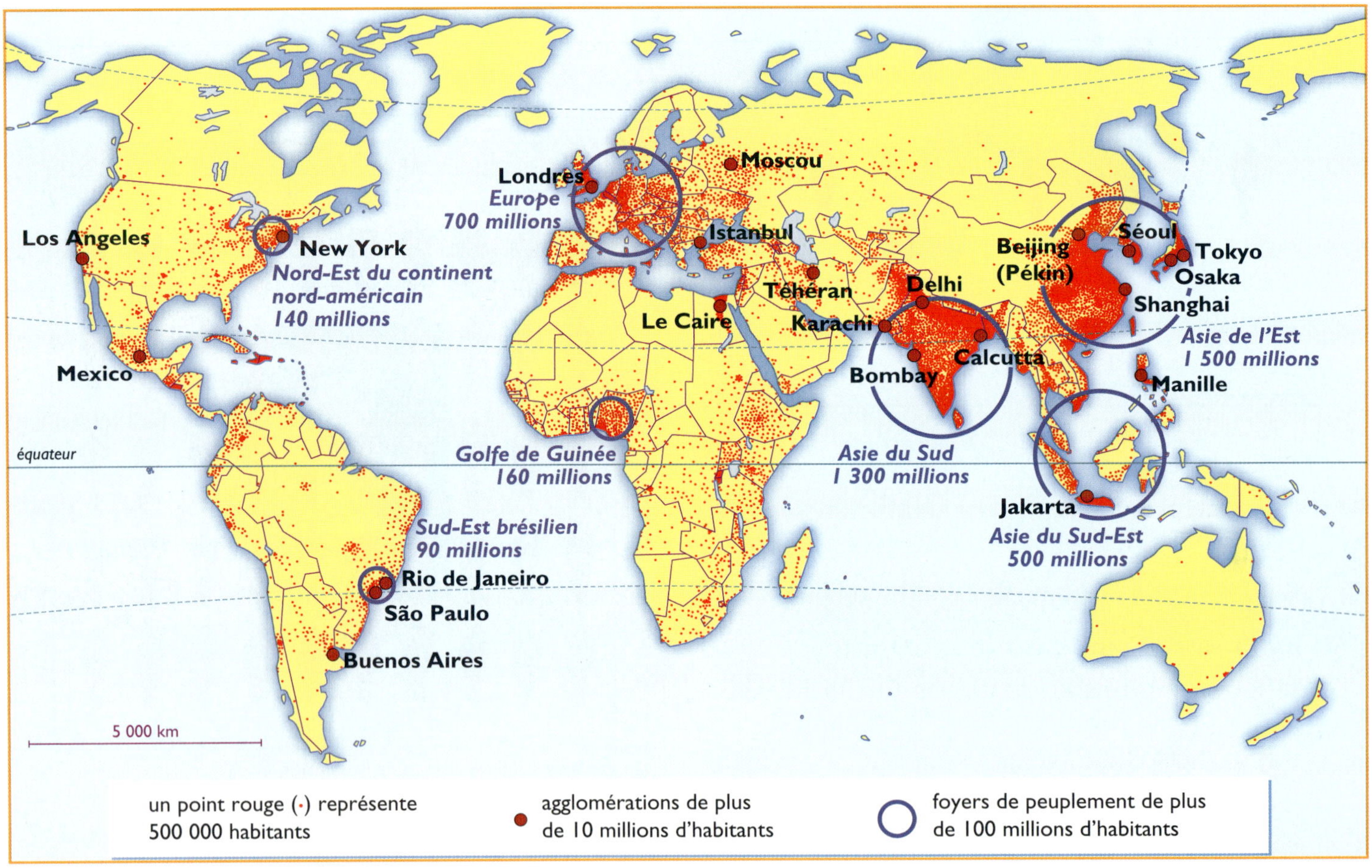

Doc. 1 : La répartition de la population mondiale.

1. Quel est l'hémisphère le plus peuplé ?

2. Quel est le continent le plus peuplé ?

3. Quel est le continent le moins peuplé ?

4. Situe et classe les principaux foyers de peuplement du plus important au moins important.

5. Quelles sont les zones pratiquement vides d'hommes ?

humains sur la Terre ?

Doc. 2 : Une rue de Shanghai (Chine).

6. Situe la Chine de l'Est sur le planisphère au début de ton livre.

7. Décris cette rue.

8. À quoi vois-tu que cette ville appartient à un pays très peuplé ?

Doc. 3 : Un paysage d'Islande.

9. Situe ce paysage sur le planisphère au début de ton livre.

10. Les activités humaines ont-elles transformé ce paysage ?

11. D'après toi, pourquoi cette région est-elle vide d'hommes ?

12. Compare ce paysage avec celui du Doc. 2. Quels contrastes observes-tu ?

L'EXPLOSION DÉMOGRAPHIQUE DU XXᵉ SIÈCLE

En 1900, la population mondiale était évaluée à 1,6 milliard d'hommes et de femmes. Ils sont cinq fois plus nombreux aujourd'hui. Jamais dans l'histoire la croissance démographique n'a été aussi forte qu'au XXᵉ siècle, surtout dans les pays d'Asie, d'Afrique et d'Amérique du Sud. [...] Le formidable accroissement de la population provient d'une baisse de la mortalité du fait des progrès de la médecine alors que la natalité s'est maintenue à un taux très élevé. [...] En Afrique, l'excédent de la population entraîne un doublement de la population en trente ans.

Y. Lacoste, *Géographie*, Éd. de la Cité, 1999.

Doc. 1

1. Comment a évolué la population mondiale au XXᵉ siècle ?

2. Qu'est-ce qui a permis l'accroissement de la population mondiale ?

3. Pourquoi la mortalité a-t-elle chuté ?

4. Écris un petit texte pour définir « l'explosion démographique ».

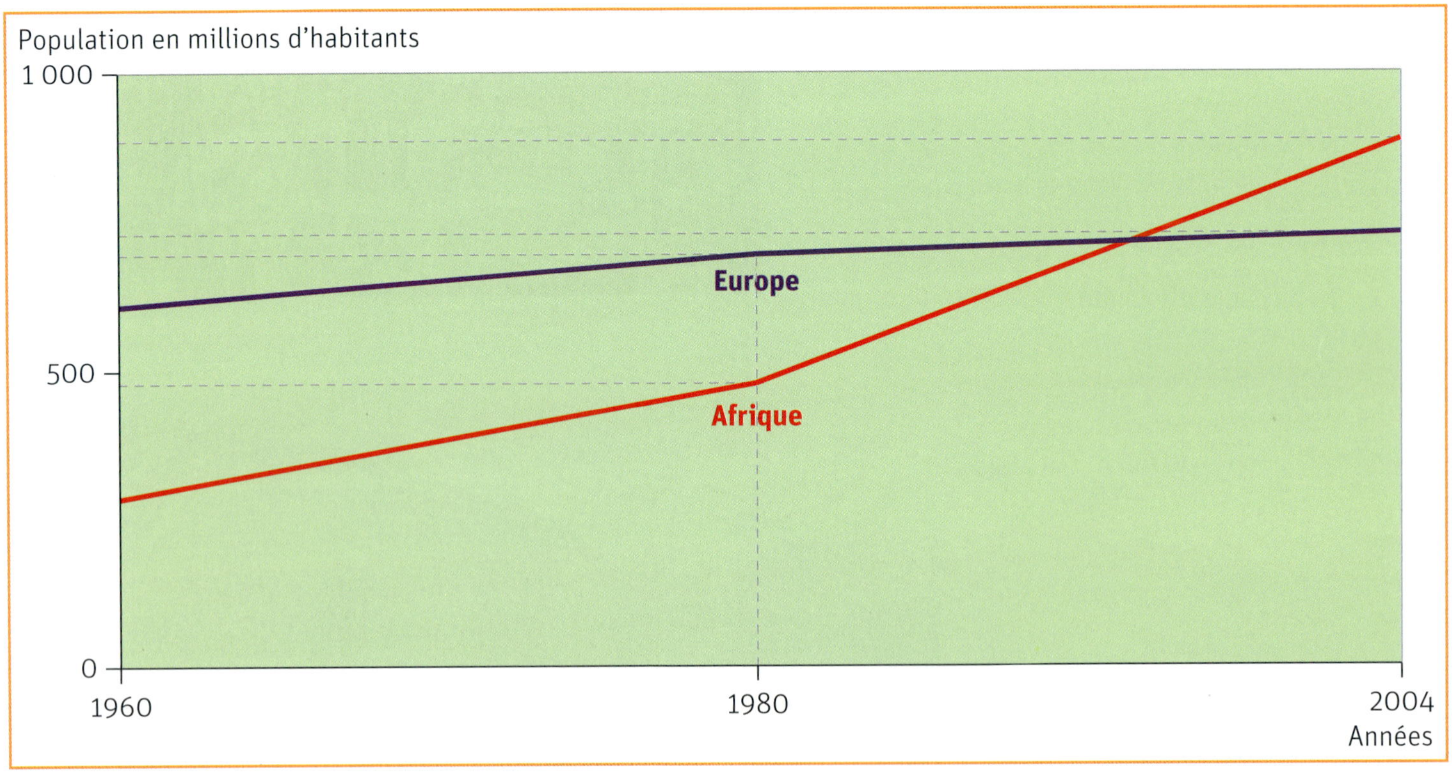

Doc. 2 : L'évolution de la population de l'Europe et de l'Afrique depuis 1960.

5. Comment les populations de chaque continent évoluent-elles ?

6. Quel est le continent dont la population a le moins augmenté depuis 1960 ?

7. Compare les évolutions de la population africaine et de la population européenne. Que remarques-tu ?

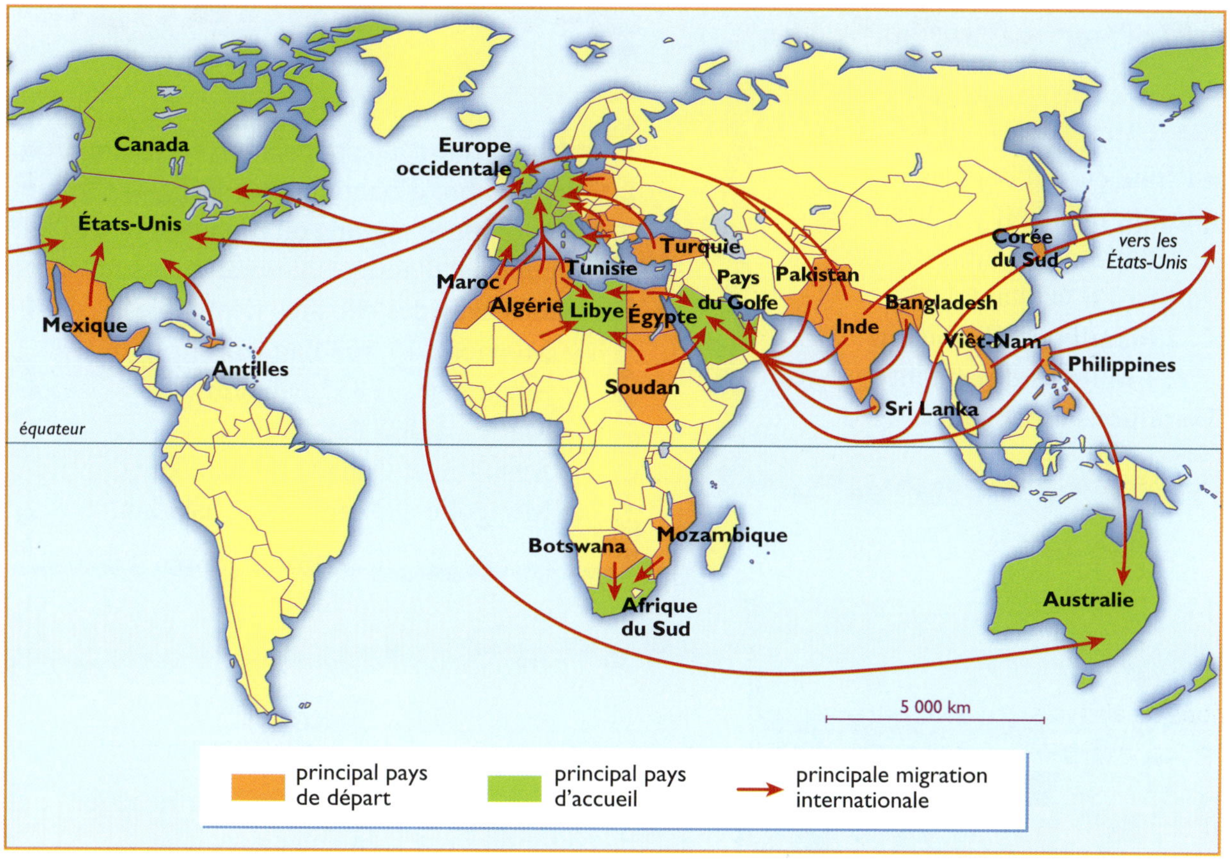

Doc. 3 : Les migrations du travail dans le monde.

8. Cite deux foyers de population qui reçoivent de nombreux immigrants.

9. De quels pays les populations partent-elles ?

Doc. 4 : Des émigrés clandestins en route vers la Méditerranée (Tchad, Afrique).

10. À ton avis, pourquoi ces gens quittent-ils leur pays ?

11. Où espèrent-ils s'installer ?

12. Dans quelles conditions voyagent-ils ?

13. Pourquoi les appelle-t-on des « émigrés clandestins » ?

En savoir plus sur… les contrastes

Les cinq pays les plus peuplés

La Chine et l'Inde étaient déjà les pays les plus peuplés du monde il y a 2 000 ans.

- Chine : 1,3 milliard d'habitants
- Inde : 1,1 milliard d'habitants
- États-Unis : 296 millions d'habitants
- Indonésie : 221 millions d'habitants
- Brésil : 184 millions d'habitants

Des densités de population record

La densité d'une population correspond au nombre d'habitants par km^2.
Si certaines régions du monde sont très peuplées, d'autres sont pratiquement vides avec des densités très faibles.

- Monaco : 17 503 hab./km^2
- Singapour : 6 852 hab./km^2
- Malte : 1 366 hab./km^2
- Australie et Canada : 3 hab./km^2
- Mongolie et Namibie : 2 hab./km^2

Chinatown, le quartier chinois de San Francisco (États-Unis).

Une ville dans la ville

Des quartiers asiatiques, mais aussi africains, antillais ou indiens se sont constitués dans la plupart des grandes métropoles des pays riches. Les immigrés y ouvrent leurs commerces, leurs services et y retrouvent les habitudes de leur pays.

Des familles nombreuses

Les pays pauvres ont souvent la natalité la plus forte. Dans ces pays où il n'y a pas de système de retraite, de nombreux enfants représentent une garantie pour l'avenir car, plus tard, ils s'occuperont de leurs parents lorsqu'ils seront vieux.

Une famille malgache (Madagascar).

Limiter les naissances

Dans certains pays à forte natalité, les gouvernants ont décidé qu'il fallait réduire le nombre de naissances pour pouvoir développer le pays. En Chine, le gouvernement a limité les naissances à un enfant par famille. L'affiche veut inciter les parents à avoir moins d'enfants.

Une affiche pour promouvoir l'enfant unique (Chine).

LEXIQUE

Densité de population : nombre d'habitants vivant sur un espace carré d'un kilomètre de côté.

Espérance de vie : nombre moyen d'années que vit une population.

Migration : déplacement et changement de résidence d'une personne ou d'un groupe.

CARNET DE ROUTE

La répartition de la population mondiale

La Terre est peuplée de **6,5 milliards d'êtres humains qui se concentrent sur un tiers des terres émergées. Trois grands foyers de peuplement** connaissent des **densités de population** très élevées. Ils représentent à eux seuls la moitié de l'humanité. Ils se situent en Europe et en Asie et ne sont jamais très éloignés des littoraux :

- **l'Asie orientale** compte plus de 1,7 milliard d'habitants (1,3 rien que pour la Chine) ;
- **l'Asie du Sud** avec l'Inde (1,3 milliard) ;
- **l'Europe occidentale** (plus de 600 millions) est plus urbanisée que l'Asie.

Dans le reste du monde, **le peuplement est discontinu**. Certaines régions sont pratiquement vides d'hommes, à cause de conditions climatiques et de milieux naturels souvent hostiles (Pôles, déserts, montagnes, forêt dense).

L'évolution de la population mondiale

La population du monde a connu une **croissance très importante depuis 1960** grâce notamment aux **progrès de la médecine**, qui augmentent l'**espérance de vie** : c'est l'**explosion démographique**.

Dans **les pays à forte natalité**, la population croît rapidement car les naissances sont très supérieures aux décès. Ce sont surtout des pays pauvres.

Dans **les pays à faible natalité**, la population augmente peu et vieillit. Ce sont surtout des pays riches.

Les migrations de la population mondiale

Aujourd'hui, les **migrations** sont importantes à travers le monde et les **brassages de population** très intenses. Les guerres, la recherche de travail et l'espoir d'une vie meilleure sont les principales causes de ces migrations.

Comment se répartit la

La richesse est très inégalement répartie dans le monde : il y a peu de pays riches et beaucoup de pays pauvres.

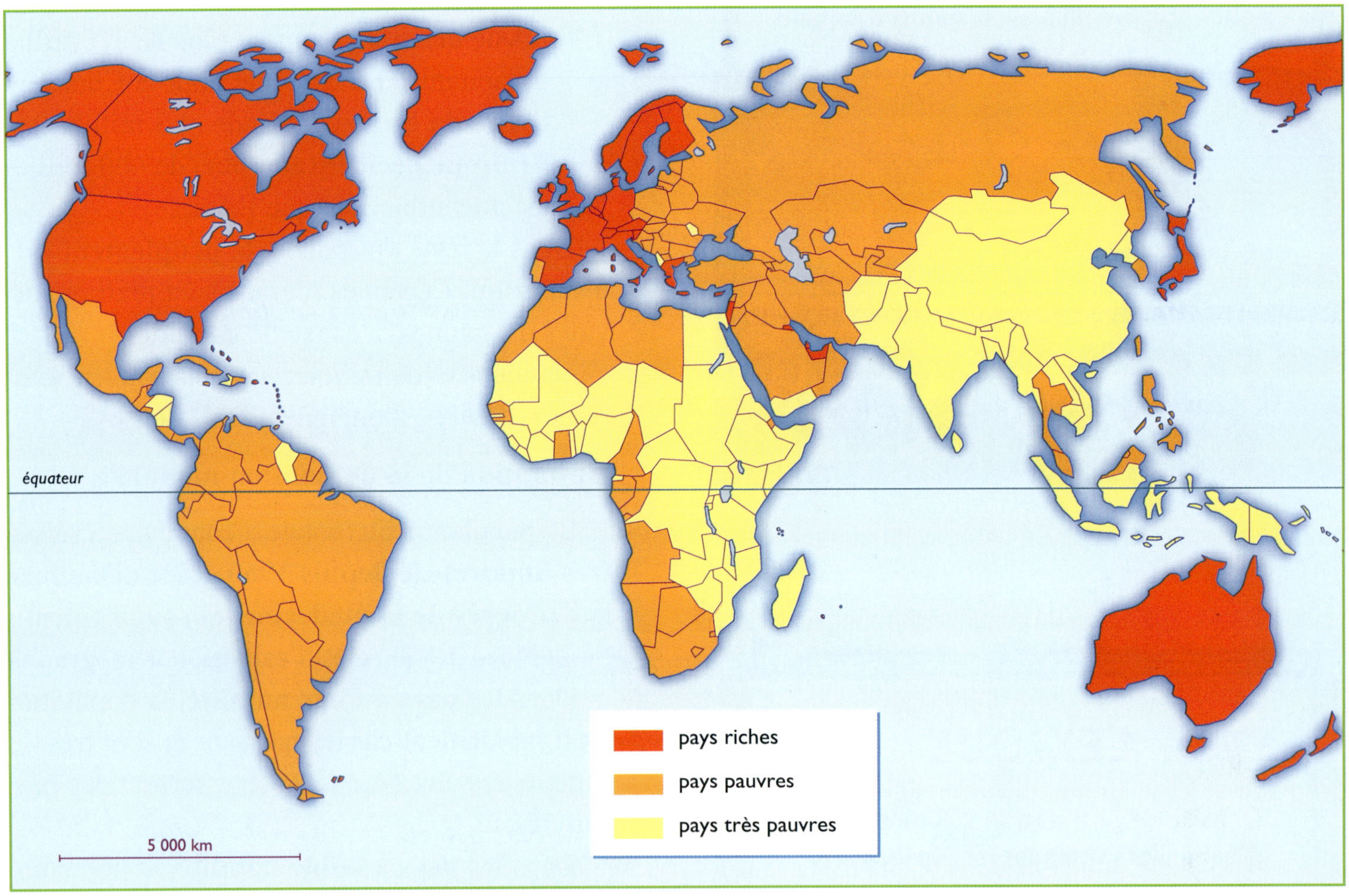

Doc. 1 : Les inégalités de richesse dans le monde.

1. Sur quels continents les pays riches sont-ils les plus nombreux ?

2. Sur quels continents y a-t-il très peu de pays riches ?

3. Où se situent les pays les plus pauvres ?

4. Écris quelques phrases sur la répartition des richesses dans le monde.

richesse dans le monde ?

Doc. 2 : La corvée d'eau (Mauritanie, Afrique).

5. Situe la Mauritanie sur la carte au début de ton livre. La Mauritanie est-elle un pays riche ou un pays pauvre ? Aide-toi du Doc. 1.

6. Pourquoi les femmes viennent-elles chercher de l'eau avec des bassines ?

7. À ton avis, consomme-t-on dans ce pays autant d'eau qu'en France chaque jour ? Pourquoi ?

Doc. 3 : Des jets d'eau devant un hôtel de Las Vegas (Nevada, États-Unis). Las Vegas a été construite au milieu du désert du Nevada. Pour alimenter les jets d'eau des hôtels et des casinos, les autorités vont chercher l'eau dans les vallées voisines, parfois à des dizaines de kilomètres.

8. D'après toi, cette eau est-elle utile dans la vie quotidienne des habitants ?

9. Pourquoi est-il étrange de voir autant d'eau au milieu d'un désert ?

10. Montre que Las Vegas se situe dans un pays riche.

LES PAYS PAUVRES MANQUENT D'ÉQUIPEMENTS

Les routes, les égouts, les écoles et les hôpitaux, mais aussi les instituteurs, les médecins et les ingénieurs ne sont pas suffisamment nombreux, dans les pays pauvres, pour répondre aux besoins de populations en forte augmentation, notamment dans les villes. [...] Le niveau d'équipement d'un pays détermine en grande partie ses capacités de production. [...] Les pays riches sont avant tout des pays bien équipés et dotés d'une population bien éduquée.

Yves Lacoste, *Géographie*, Éditions La Cité – Bordas / SEJER, 2004.

1. Quels équipements manquent dans les pays pauvres ?

2. Qu'est-ce qui différencie les pays riches des pays pauvres ?

Doc. 1

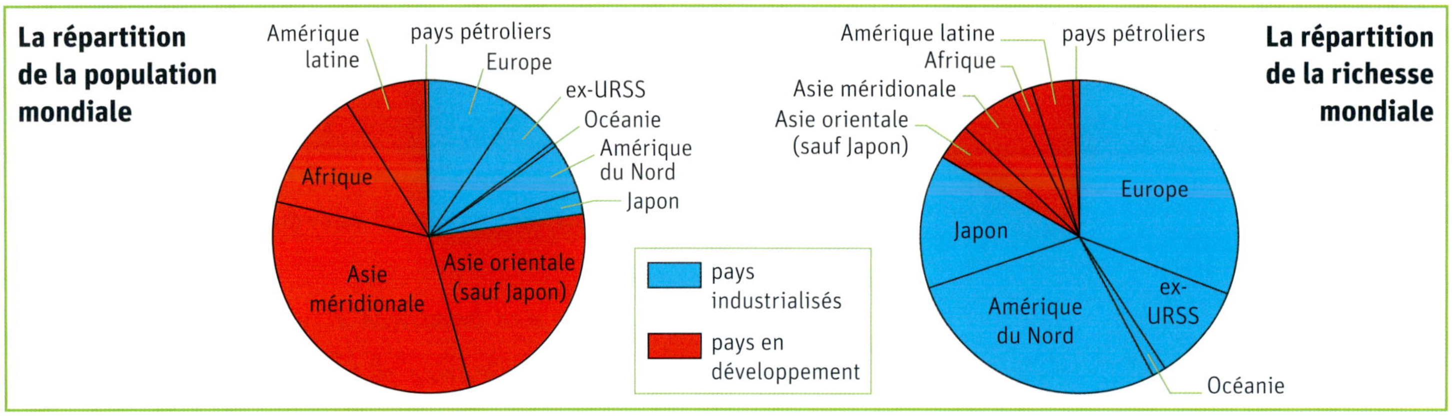

Doc. 2 : **Population mondiale et richesse nationale.**

3. Quels continents représentent plus des trois quarts de la population mondiale ?

4. Ces continents sont-ils riches ou pauvres ?

5. Cite une partie du monde qui représente une petite part de la population mondiale mais qui détient une grande partie des richesses mondiales.

Doc. 3 : **« Le partage de la richesse », caricature de Selçuk, 1997.**

6. Que représente le gâteau ?

7. Sur quelle part du gâteau se trouve le plus grand nombre de drapeaux ?

8. Écris une ou deux phrases sur le partage de la richesse dans le monde.

Doc. 4 : Un bénévole de la Croix-Rouge aide un SDF (sans-domicile fixe) dans le métro de Paris.

9. Pourquoi cet homme est-il couché dans le métro ?

10. Que fait le bénévole de la Croix-Rouge ?

11. Tous les habitants des pays riches sont-ils riches ? Écris un petit texte pour expliquer ta réponse.

Indicateurs de pauvreté	Millions de personnes
Population vivant avec moins de 1 dollar par jour	1 100
Population souffrant de malnutrition	831
Enfants en bas âge non scolarisés	104
Population privée d'accès à une source d'eau aménagée	1 197
Population privée d'accès à des installations sanitaires	2 742

Doc. 5 : Les indicateurs de l'extrême pauvreté dans le monde.

Source : rapport PNUD, 2004.

12. Quels sont les indicateurs de pauvreté ?

13. Quelle est la part de la population mondiale qui n'a pas accès à des installations sanitaires ?

14. Quelles peuvent être les conséquences pour ces personnes ?

15. Écris un petit texte pour définir le développement.

16. Situe le Pakistan sur la carte au début de ton livre. Le Pakistan est-il un pays riche ou un pays pauvre (Doc. 1 page 32) ?

17. Que font ces enfants ?

18. Pourquoi doivent-ils faire cela ?

Doc. 6 : Des enfants ouvriers dans une fabrique de briques (Pakistan).

Si tous les gens de la planète vivaient comme nous…

Si tous les habitants de la planète vivaient comme les Nord-Américains ou les Européens, il faudrait au moins trois planètes ! Alors qu'un paysan de Madagascar n'utilise que 10 litres d'eau par jour, soit le minimum vital, un Français en utilise 150 litres et un Américain 425 litres !

L'accès à l'eau dans les pays riches.

La malnutrition des enfants

Les enfants sont les premières victimes de la pauvreté. Ils souffrent de malnutrition lorsque leur nourriture est insuffisante et peuvent mourir de famine. Dans l'Afrique au sud du Sahara et en Asie du Sud (Inde, Pakistan, Afghanistan, Viêt-Nam, Indonésie), près de la moitié des enfants ont un poids inférieur au poids normal.

Une distribution de nourriture par une ONG (Éthiopie, 2000).

Les femmes et le sous-développement

Les femmes des campagnes des pays pauvres passent 20 heures par semaine à chercher de l'eau et du bois et à les transporter. Elles participent également aux travaux dans les champs et accomplissent bien d'autres corvées.

Une femme travaille dans les champs avec son bébé sur le dos (Chine).

Une société d'abondance dans les pays riches

Dans les pays riches, on trouve non seulement tout ce qui est nécessaire à la vie mais aussi beaucoup de produits qui ne sont pas indispensables.

Dans un supermarché (États-Unis).

LEXIQUE

Développement : amélioration des conditions de vie d'une population (espérance de vie, revenus, scolarité, santé…).

Famine : manque de nourriture qui entraîne la mort des gens.

Malnutrition : nourriture insuffisante ou mal équilibrée.

ONG : organisation non gouvernementale (Médecins sans frontières, Croix-Rouge…).

CARNET DE ROUTE

Des pays riches et des pays pauvres

La richesse est très inégalement répartie dans le monde. **Les pays les plus riches** (États-Unis, Japon, pays de l'Europe de l'Ouest, Canada, Australie) sont **peu nombreux**. Ils sont principalement situés dans l'hémisphère Nord et détiennent l'essentiel des richesses de la planète.

Les pays pauvres sont les plus nombreux et se trouvent surtout en Afrique, en Asie du Sud-Est et en Amérique du Sud. Ils représentent 80 % de la population de la planète et détiennent seulement 20 % des richesses mondiales.

Qu'est-ce que le développement ?

Pour apprécier le niveau de **développement** d'un pays, plusieurs critères sont pris en compte : les **revenus**, l'**espérance de vie**, l'**accès aux soins de santé** et le **niveau d'éducation**.

Dans les pays pauvres, les salaires sont très bas. La plupart des gens vivent **sans hygiène** et **sans confort** (électricité, eau courante). Le nombre des médecins est insuffisant (3 pour 100 000 en Éthiopie mais 260 pour 100 000 aux États-Unis). De nombreux enfants ne vont pas à l'école et travaillent.

Lutter contre la pauvreté

Plus d'un milliard de personnes vivent dans une pauvreté absolue, avec moins de 1 € par jour. Les enfants sont les premières victimes de la **malnutrition** et des **famines**. Les États et les **ONG** se mobilisent pour **lutter contre la pauvreté** et **financer l'aide au développement**.

Mais **la pauvreté ne touche pas que les pays pauvres**. Des différences de richesse de plus en plus importantes existent dans tous les États.

Quels sont les paysages

Près de 9 paysages sur 10 de la planète sont des paysages ruraux, où dominent l'agriculture et l'élevage. Ils varient selon le relief, les conditions climatiques et le développement des sociétés.

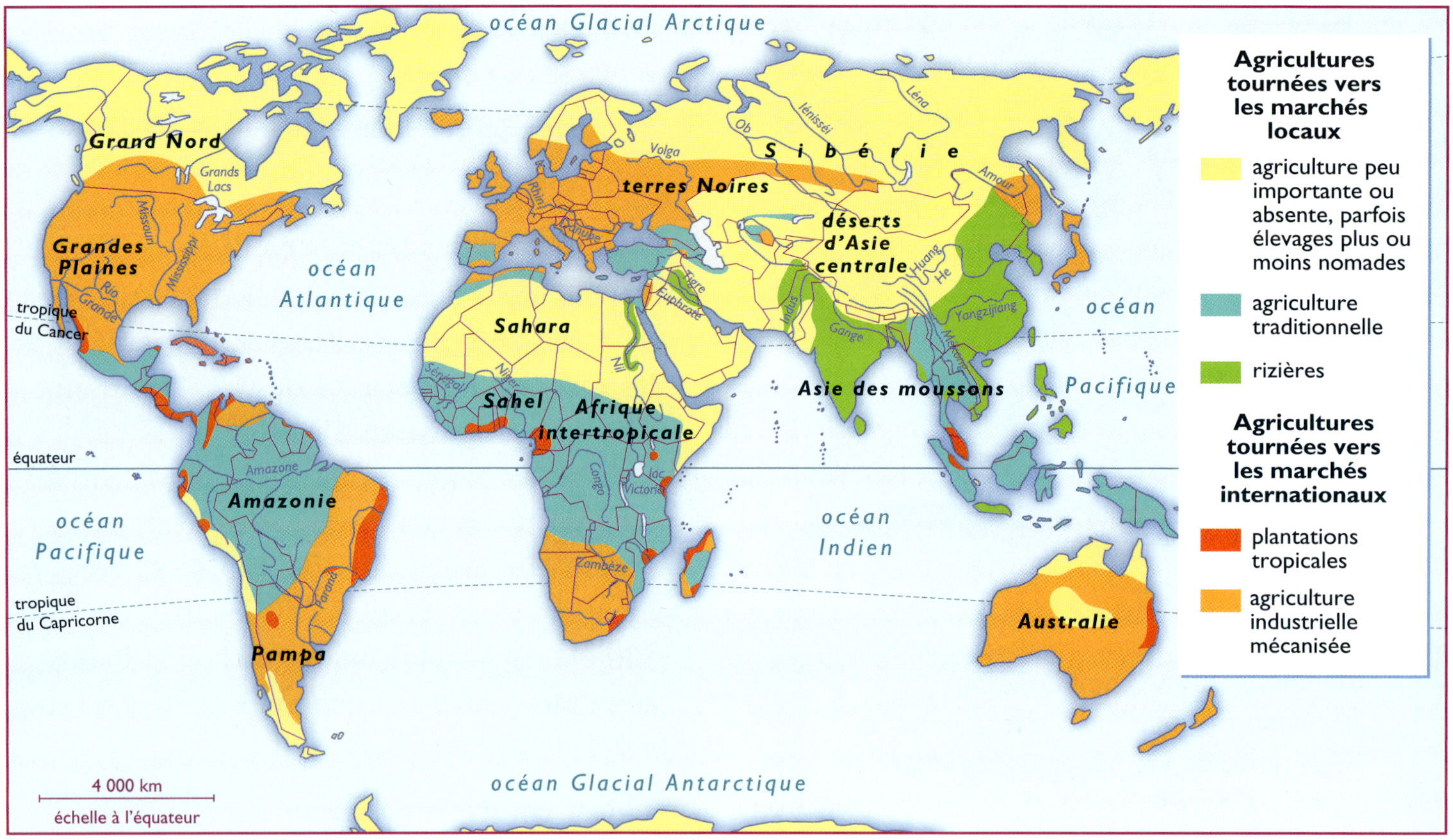

Doc. 1 : Les grands types d'agricultures dans le monde.

1. Quel type d'agriculture domine en Europe ? en Amérique du Nord ? en Afrique ?

2. Où trouve-t-on les rizières dans le monde ?

3. Dans quelles régions du monde les agriculteurs pratiquent-ils une agriculture industrielle mécanisée ?

4. Dans quelles régions du monde l'agriculture traditionnelle domine-t-elle ?

5. Explique pourquoi l'agriculture est absente dans certaines régions. Aide-toi du chapitre sur les climats (pages 18 à 23).

Doc. 2 : Des champs de céréales dans les grandes plaines de l'Illinois (États-Unis).

6. Situe ce paysage sur le Doc. 1. De quel type d'agriculture s'agit-il ?

7. Décris la taille des champs et de l'exploitation agricole.

8. Situe ce paysage sur le Doc. 1.

9. Décris le travail de ces femmes.

Doc. 3 : Des femmes au travail dans les rizières (Inde).

Doc. 4 : Des paysans labourent leur champ (Maroc).

10. Situe ce paysage sur le Doc. 1. De quel type d'agriculture s'agit-il ?

11. Décris la manière de travailler de ces agriculteurs.

12. D'après toi, ces paysans travaillent-ils pour nourrir leur famille ou pour vendre leurs produits sur le marché mondial ?

Comment les hommes aménagent-ils

Doc. 1 :
Des champs circulaires (Jordanie).
Les hommes réussissent à cultiver de larges parcelles au milieu du désert grâce à l'irrigation. Ces parcelles ont une forme circulaire car les jets d'eau situés au milieu tournent sur eux-mêmes pour arroser les cultures.

1. Pourquoi l'agriculture est-elle difficile dans cette région ? Aide-toi de la carte page 18.

2. Quelle(s) solution(s) les hommes ont-ils trouvée(s) pour pratiquer l'agriculture ?

UN PAYSAGE AGRICOLE DE LA SAVANE AFRICAINE

Autour des cases, un large enclos occupé en partie par des cultures de case (coton, maïs, sorgho et surtout mil) engraissées de déchets ménagers et cultivées en permanence ; au-delà, une couronne de champs permanents fertilisés par le fumier des troupeaux et produisant le mil, base de la nourriture ; tout autour, une zone de cultures itinérantes où les champs portent arachides et pois la première année, mil la seconde, puis restent en repos pendant de longues années ; plus loin, la savane, jamais cultivée.

D'après M. Foucher, « Monoculture et polyculture », *Encyclopædia Universalis*, 1999.

Un village de savane (Burkina Faso).

Doc. 2

3. Comment est organisé le paysage agricole autour des cases ?

4. Quelle est la différence entre les champs « permanents » et les champs « itinérants » ?

5. Pourquoi les champs permanents sont-ils les plus proches du village ?

6. À qui sont destinées les cultures produites ?

7. Dessine les cultures et les cases en t'aidant du texte.

LES DEUX AGRICULTURES DU BRÉSIL

Texte n° 1

Carlos Ernesto Augustin est aujourd'hui à la tête d'une exploitation de 30 000 hectares. Il est devenu l'un des premiers producteurs de graines de soja du Brésil, qui écoule la majeure partie de ses semences à l'étranger. […] Le propriétaire s'est entouré d'ingénieurs […] pour mettre en valeur ses terres.

Texte n° 2

La route est longue et cabossée pour atteindre le village de Sarapui. […] À Sarapui, il faut survivre en jonglant comme on peut entre une parcelle de riz, de manioc, de haricots, quelques poules pour nourrir les dix enfants de la famille. [Seuls les poivrons sont vendus sur le marché.] Le travail se fait avec quelques outils à main.

D'après Laurence Caramel, *Le Monde*, 24 mai 2005.

Doc. 3

8. Quel texte décrit l'exploitation agricole d'un paysan brésilien pauvre ?

9. Où va la production de Carlos Ernesto Augustin ?

10. À quoi sont destinées les cultures du paysan pauvre ?

11. Quels sont les deux types d'agricultures du Brésil ?

Doc. 4 : Le village viticole de Niedermorschwihr, en Alsace (France).

12. Que vois-tu au premier plan de la photographie ?

13. Où est situé le village par rapport aux cultures ? Décris-le.

14. Que peux-tu observer à l'arrière-plan ?

Un paysage de polder aux Pays-Bas

Plus du quart des Pays-Bas se trouve au-dessous du niveau de la mer ! En asséchant des lacs et des étangs et en construisant des digues, les Néerlandais sont parvenus à étendre leurs terres agricoles sur les polders. Les moulins à vent permettent de pomper l'eau.

Ces moulins à vent ont été construits vers 1740.

L'oasis de Timimoun (Algérie).

Une oasis dans le Sahara

Même dans les espaces très secs comme le Sahara, des paysages agricoles se développent. Une oasis est un espace cultivé dans le désert autour d'un oued (cours d'eau). L'irrigation se fait à partir d'un puits. L'eau s'écoule dans des rigoles et alimente des cultures de légumes et de palmiers-dattiers.

La transformation des paysages ruraux en Europe

Les paysages ruraux se transforment en Europe de l'Ouest. Sous la poussée des villes, les champs se couvrent de lotissements, de zones actives, de voies de communication et d'espaces de loisirs.

Un lotissement progresse sur les champs cultivés (Royaume-Uni).

Un village dans la haute montagne andine

Les paysages de haute montagne ne sont pas forcément un obstacle pour l'agriculture. Dans les Andes, au Pérou, pour pouvoir cultiver les pentes, les paysans ont aménagé des terrasses où ils font pousser du blé, du maïs et des pommes de terre.

Des cultures en terrasses (Pérou).

LEXIQUE

Agriculture industrielle : agriculture qui utilise des machines et des produits industriels (engrais, pesticides…).

Agriculture vivrière : cultures qui nourrissent les populations des campagnes proches.

Champ itinérant : espace agricole que l'on déplace d'une année sur l'autre pour permettre à la terre de se reposer.

Paysage rurbain : paysage rural sur lequel déborde la ville.

Rizière : champ inondé où l'on cultive le riz.

CARNET DE ROUTE

Des paysages ruraux majoritaires

Près de 90 % des paysages de la planète sont des paysages ruraux. Ils sont essentiellement consacrés à l'agriculture et à l'élevage, pour nourrir les populations locales ou approvisionner le marché international.

Des paysages ruraux variés

Les paysages ruraux sont très variés. Les conditions naturelles (relief et climat) sont différentes selon les milieux. La présence de l'homme et de ses activités transforme plus ou moins profondément les paysages.

Aux États-Unis, les fermiers pratiquent une **agriculture industrielle et mécanisée** tournée vers le marché international dans d'immenses champs géométriques.

En Europe, le paysage rural traditionnel est celui du village au milieu de ses champs. Mais l'**agriculture industrielle** s'est fortement développée.

En Asie du Sud-Est, le riz est cultivé à la main dans des **rizières** inondées. Il permet de **nourrir une population nombreuse**.

Dans l'Afrique au sud du Sahara, les paysans pratiquent dans des **champs itinérants** une **agriculture vivrière** avec peu de moyens.

Des paysages créés par l'homme

Les paysages ruraux sont le fruit de civilisations successives. Les hommes les ont parfois créés pour faire face aux contraintes naturelles :

– en gagnant des terres sur la mer : les **polders** ;

– en irriguant le désert aride : les **oasis** ;

– en tirant profit du relief accidenté : les **terrasses**.

Actuellement, en Europe, **les paysages ruraux se transforment sous la poussée des villes**. Le **paysage rurbain** apparaît, à la fois rural et urbain.

À la manière de...

J'analyse un tableau de chiffres

Un géographe étudie les chiffres d'une population ou d'un phénomène économique pour comprendre leur évolution.

Années	Population (en milliards d'habitants)
1800	1
1900	1,6
1927	2
1960	3
1974	4
1987	5
2005	6,5

L'évolution de la population mondiale (INSEE, 2000).

Pour lire et analyser un tableau de chiffres, tu dois suivre plusieurs étapes.

- Donne le titre du tableau de chiffres.
- Précise la source des données chiffrées.
- Explique les informations contenues dans chaque colonne.
- Donne l'unité dans laquelle les chiffres sont exprimés.
- Lis le tableau dans les deux sens :
  – horizontalement : à chaque année correspond un nombre d'habitants ;
  – verticalement : pour observer l'augmentation de la population mondiale de 1800 à 2005.

Je visualise ces données chiffrées

Pour mieux comprendre les données chiffrées, le géographe les représente sous forme de courbes ou de diagrammes.

Pour construire un graphique, tu dois suivre plusieurs étapes.

- Pour représenter les données, trace deux axes : une ligne horizontale et une ligne verticale.
- Représente les années sur la ligne horizontale.
- Inscris la valeur ou la quantité du phénomène représenté sur la ligne verticale. Ici, écris les chiffres de la population, de 0 à l'origine de l'axe à 7 milliards d'habitants en haut de l'axe vertical, la valeur la plus importante.
- Fais attention à l'échelle utilisée. Selon que tu travailles sur du papier millimétré ou sur un cahier, prends par exemple 1 cm ou 1 carreau pour représenter 1 milliard d'habitants sur l'axe vertical.

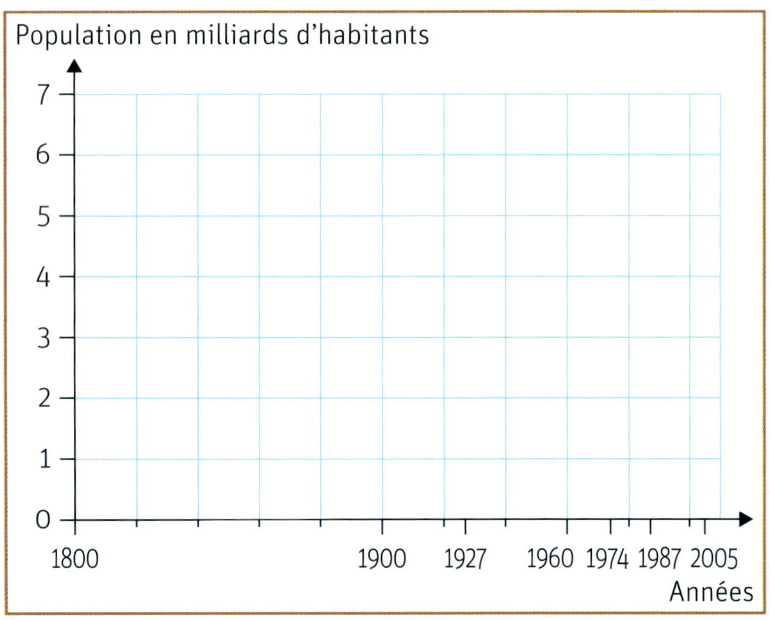

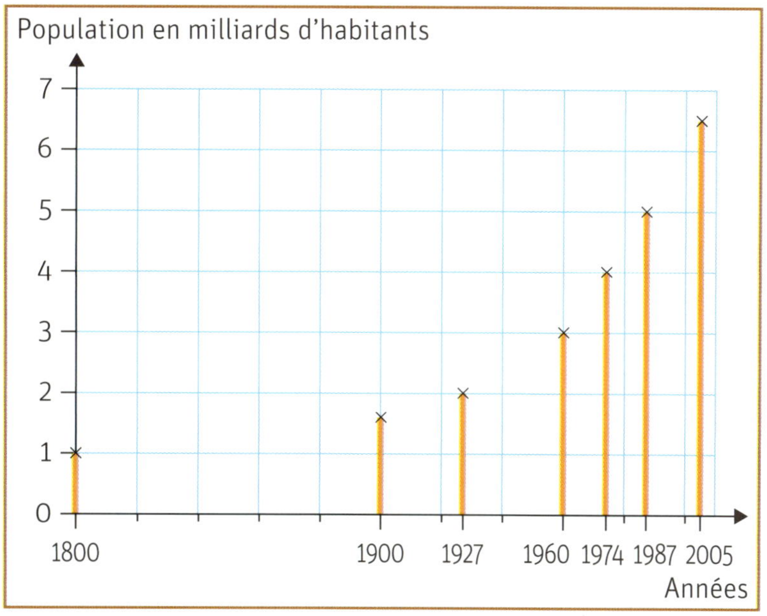

- Pour chaque ligne du tableau, trace dans le graphique un trait vertical qui monte à partir de l'année jusqu'au nombre d'habitants correspondant. Fais la même chose pour chaque ligne du tableau de chiffres. Tu as construit un diagramme en bâtons qui représente l'évolution de la population mondiale.

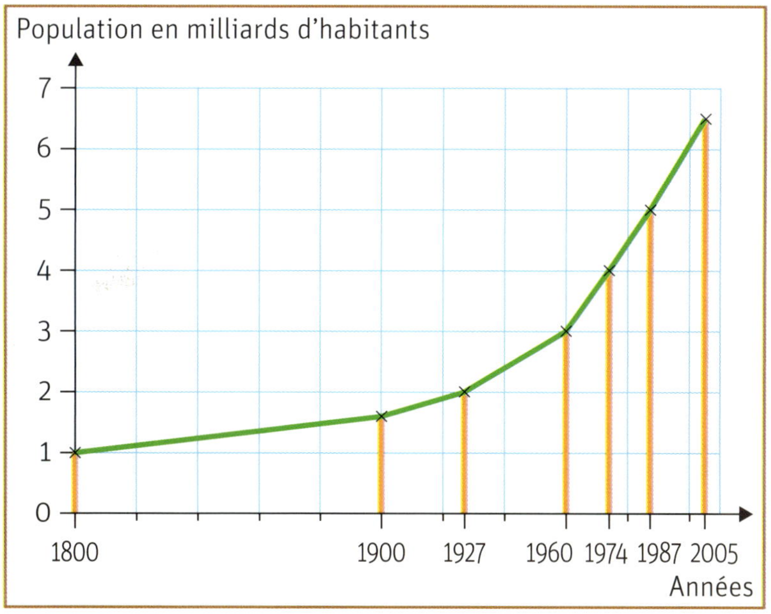

- Relie par un trait de couleur tous les points tracés dans le graphique. Tu as construit un graphique en courbe.

Années	Population (en millions d'habitants)
1801	29,3
1901	40,7
1927	40,7
1960	45,6
1974	52,4
1987	55,8
2005	62,8

Je construis un graphique

- Analyse les données chiffrées de ce tableau.
- Construis un graphique (en bâtons ou en courbe) pour représenter l'évolution de la population française entre 1801 et 2005.
- Fais attention à l'échelle ! Prends 1 cm ou 1 carreau pour représenter 5 millions d'habitants.

L'évolution de la population française (INSEE, 2000).

Quels sont les espaces

La moitié de la population mondiale vit en ville.
Ce phénomène d'urbanisation s'est accentué ces soixante dernières années. Il est devenu mondial.

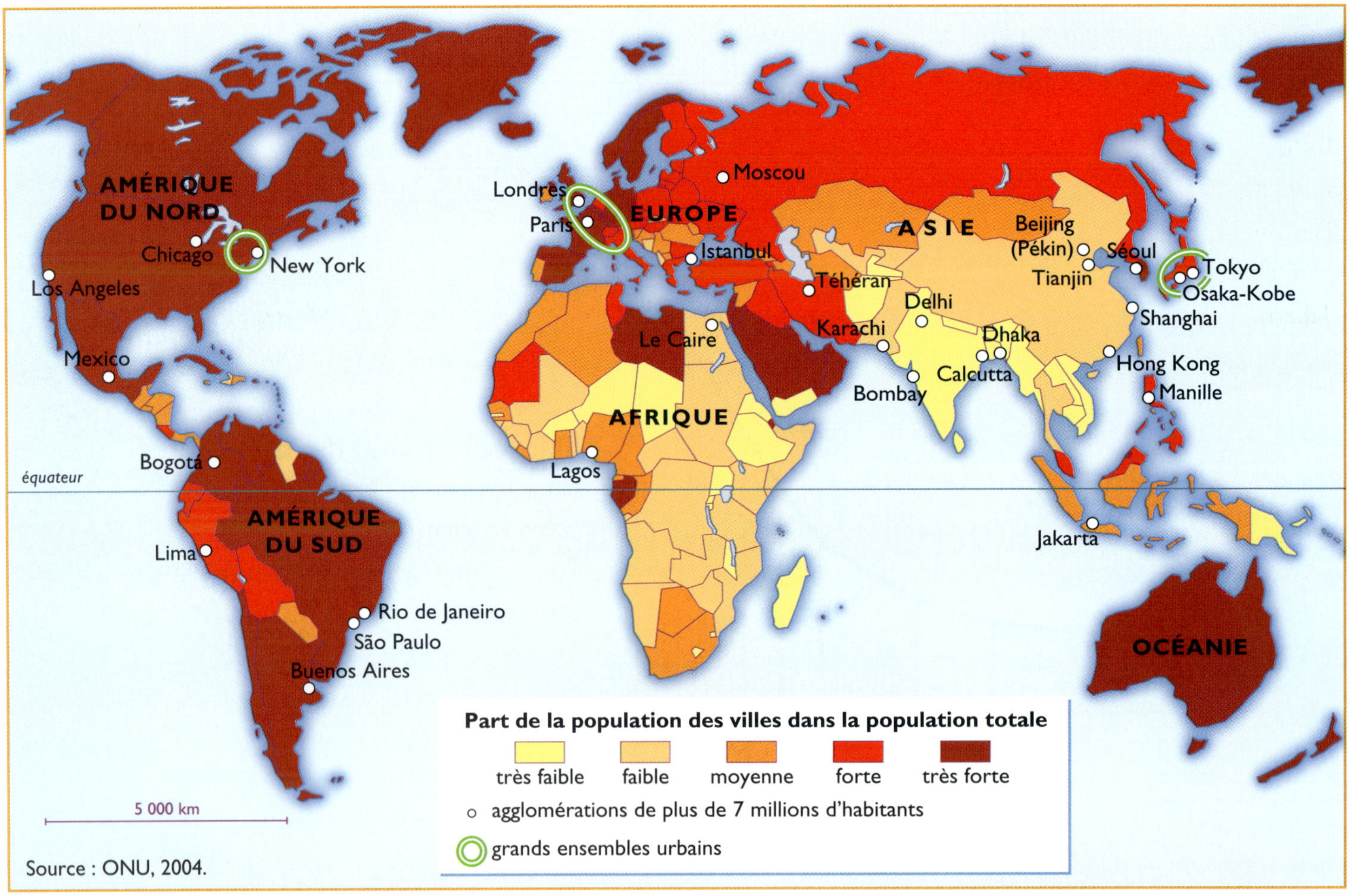

Doc. 1 : L'urbanisation dans le monde.

1. Dans quelles parties du monde une part importante de la population vit-elle en ville ?
2. Quelles sont les régions du monde dans lesquelles la part de la population des villes dans la population totale est très faible ?
3. Sur quel continent se situe le nombre le plus important de grandes agglomérations ?
4. Cite les trois grands ensembles urbains et situe-les.

urbanisés dans le monde ?

Agglomérations	Population (en millions d'habitants)
Tokyo	35
Mexico	18,7
New York	18,3
São Paulo	17,9
Bombay	17,4
Delhi	14,1
Calcutta	13,8
Buenos Aires	13
Shanghai	12,8
Jakarta	12,3

Doc. 2 : Les dix premières agglomérations du monde, en 2004 (source : ONU).

5. Repère ces agglomérations sur le planisphère (Doc. 1).

6. Sont-elles surtout situées dans les pays riches ou dans les pays pauvres ?

Doc. 3 : Vue aérienne de Boston (Massachusetts, États-Unis).

7. Quels types de constructions observes-tu au centre de la photographie ? et autour ?

8. Décris les avenues de la ville.

9. Décris les contrastes de São Paulo (Doc. 4).

10. Où se situent les quartiers aisés ? les quartiers pauvres ?

Doc. 4 : Le paysage urbain de São Paulo (Brésil).

Tous les paysages urbains

1. Décris le paysage urbain (Doc. 1).

2. Repère les monuments anciens.

3. Quels adjectifs peux-tu utiliser pour décrire ce paysage urbain : historique, récent, monumental, moderne... ?

Doc. 1 : Le centre ancien de Prague (République tchèque).

4. Décris le paysage urbain (Doc. 2).

5. Quelles sont les différences avec le centre d'une ville européenne ?

6. À quoi ces gratte-ciels servent-ils ?

Doc. 2 : Le centre des affaires de Detroit (Michigan, États-Unis).

Doc. 3 : Le bidonville d'Indore (Inde).
1 homme sur 7 dans le monde vit dans un bidonville.

7. Décris le paysage urbain (Doc. 3).

8. Pourquoi appelle-t-on ce type de quartier « bidonville » ?

9. D'après toi, quels problèmes les personnes qui vivent dans ces quartiers rencontrent-elles ?

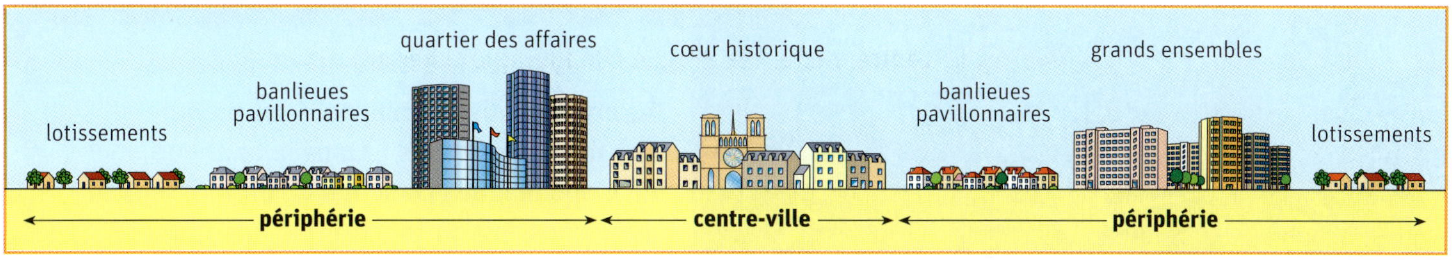

Doc. 4 : Le profil d'une métropole européenne.

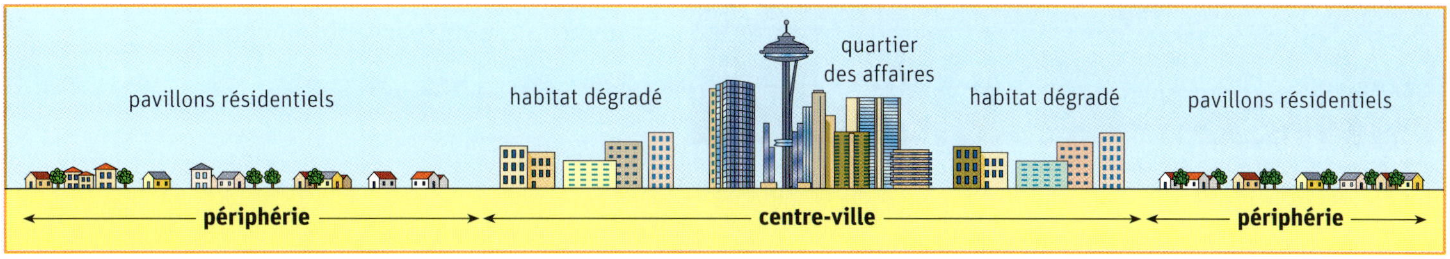

Doc. 5 : Le profil d'une ville nord-américaine.

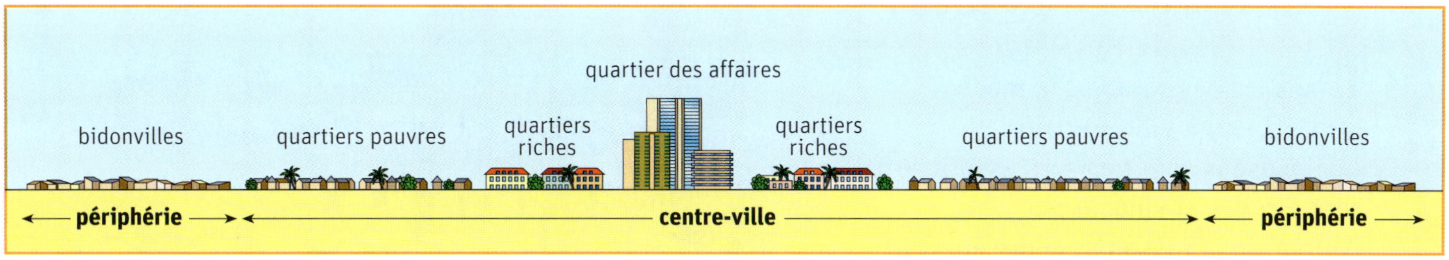

Doc. 6 : Le profil d'une ville d'un pays pauvre.

10. Cite pour chaque profil de ville (Doc. 4, 5 et 6) les différents types de quartiers que tu rencontres du centre vers la périphérie.

11. Situe chaque photographie (Doc. 1, 2 et 3) dans le profil de ville qui correspond (Doc. 4, 5 et 6).

Vivre dans la rue à Bombay

La très forte croissance urbaine pose de nombreux problèmes de logement, surtout dans les villes des pays pauvres. Chaque soir, à Bombay (Inde), 1,5 million de personnes dort dans les rues.

Des familles dorment dans la rue (Bombay, Inde).

Cette zone pavillonnaire a été construite en 1984.

Un lotissement circulaire

Certains lotissements peuvent prendre des formes insolites ! Dans la banlieue de Copenhague (Danemark), un lotissement a été construit en fonction de la voiture : chaque ensemble a la forme d'une roue avec les maisons autour, de l'espace pour les voitures et une route pour parvenir au centre.

La médina d'Essaouira (Maroc)

Dans les pays arabes, la médina est l'ancienne ville fortifiée. Les maisons sont très serrées et les ruelles sont étroites et sinueuses. Autour de la mosquée se rassemblent les boutiques des commerçants et les artisans des souks (marchés).

La médina d'Essaouira (Maroc) est classée au Patrimoine mondial de l'Humanité de l'UNESCO.

Les toits verts

Les grandes métropoles mondiales sont polluées et les citadins manquent d'espaces verts… Des villes comme Chicago et Tokyo ont peut-être trouvé une solution : les toitures sont aménagées avec des jardins. Les plantes permettent notamment de filtrer les polluants de l'air et de l'eau. Chicago possède ainsi plus de 90 000 m^2 de toitures vertes, soit l'équivalent de 15 terrains de football !

La toiture verte de la mairie de Chicago (États-Unis).

LEXIQUE

Agglomération : espace urbain formé d'une ville et de ses banlieues.

Bidonville : habitat précaire dans les pays pauvres fait de matériaux de récupération.

Mégalopole : région urbaine de très grande dimension qui regroupe plusieurs agglomérations.

Métropole : très grande agglomération.

Urbanisation : concentration de la population dans les villes.

CARNET DE ROUTE

L'urbanisation : un phénomène mondial

Aujourd'hui, **la moitié de la population vit en ville**. L'**urbanisation** a commencé en Europe au XIXe siècle avec la première révolution industrielle, puis a gagné l'Amérique du Nord et le Japon. L'urbanisation a connu une seconde poussée dans les années 1950 avec la très forte croissance de la population mondiale, surtout dans les pays pauvres. **La population urbaine a triplé** depuis 1950. Plus d'un demi-milliard de Chinois et d'Indiens vivent en ville.

De grandes métropoles

Les **agglomérations** des pays riches (New York, Londres, Paris) sont les plus nombreuses mais ne sont pas les plus grandes. Elles sont dépassées par les **villes des pays pauvres** (Mexico, São Paulo, Bombay) qui connaissent une **croissance plus importante**.

Cette **croissance urbaine** fait apparaître **des villes géantes** (Tokyo compte 35 millions d'habitants). Dans trois régions du monde, **les grandes métropoles se rejoignent pour constituer des mégalopoles** (États-Unis, Japon, Europe occidentale).

La diversité des paysages urbains

Les **villes européennes** sont des villes anciennes avec un **centre historique** entouré de **banlieues**.

Les **villes nord-américaines** sont récentes. Elles ont un plan en damier : au centre le **quartier des affaires** avec des gratte-ciels et entouré de quartiers pauvres, et au-delà des banlieues aisées avec des maisons individuelles.

Les **villes des pays pauvres** sont **surpeuplées** et confrontées à la pauvreté. Elles offrent de **grands contrastes entre les quartiers riches et les bidonvilles**.

Pourquoi un

Le développement durable répond aux besoins des populations actuelles sans compromettre l'avenir des générations futures. Il repose sur le développement économique et social ainsi que sur la protection de l'environnement.

Doc. 1 : L'eau, source de maladies (Mali).
L'eau de la rivière Bari sert à tous les usages de la vie quotidienne : les gens y boivent, y lavent leurs vêtements et la vaisselle, ils se lavent eux-mêmes, les animaux s'y baignent...

1. *Décris la scène que tu observes sur cette photographie (Doc. 1).*
2. *À quoi ces personnes utilisent-elles l'eau ?*
3. *D'après toi, cette eau est-elle propre ou polluée ?*
4. *Explique pourquoi cette eau peut être source de maladies pour les populations pauvres.*
5. *Et toi, d'où vient l'eau que tu bois ?*

développement durable ?

LE RÉCHAUFFEMENT CLIMATIQUE

L'homme est la principale cause du réchauffement climatique. Les experts mondiaux ont renforcé leur conviction que l'homme est responsable de « l'essentiel de l'accroissement observé sur la température moyenne globale depuis le milieu du XXᵉ siècle ». [...] Les températures devraient augmenter de 1,8 à 4 °C d'ici 2100, entraînant, outre la hausse du niveau des océans, de fortes précipitations et des vagues de chaleur plus fréquentes, ainsi que des cyclones plus violents. Les émissions « passées et futures de CO_2* continueront à contribuer au réchauffement et à l'élévation du niveau des mers pendant plus d'un millénaire », compte tenu de leur durée de vie dans l'atmosphère. [...] Le climatologue français Jean Jouzel explique qu'une « élévation moyenne de 40 cm du niveau des océans signifierait que 200 millions de personnes devraient quitter leur foyer et leur lieu de vie ».

© *Libération*, A. Danjon, vendredi 2 février 2007.

* CO_2 : dioxyde de carbone.

Doc. 2

6. Quelle est la principale cause du réchauffement climatique ?

7. D'où viennent les émissions de CO_2 ?

8. Quelles sont les conséquences du réchauffement climatique ?

Doc. 3 : Des maisons inondées (Bangladesh).
Au Bangladesh, la saison de la mousson est celle des inondations. Avec le réchauffement climatique, les catastrophes naturelles sont plus fréquentes et plus violentes. Dans le monde, le nombre de personnes touchées par les catastrophes naturelles a augmenté de 50 % en 10 ans.

9. Quelle catastrophe naturelle observes-tu sur cette photographie ?

10. Quelle est la cause de cette inondation ?

11. Pourquoi les catastrophes naturelles font-elles de plus en plus de victimes ? Aide-toi du Doc. 2.

UNE MOBILISATION INTERNATIONALE

En 1972, la Conférence des Nations Unies de Stockholm a focalisé l'attention sur la préoccupation pour l'environnement, ce qui a conduit à créer un grand nombre de ministères de l'Environnement.
En 1992, le Sommet de la Terre à Rio de Janeiro a présenté un plan d'action (Agenda 21) pour aider les gouvernements à mettre en œuvre des politiques orientées vers le développement durable. En 2002, au Sommet mondial de Johannesburg, il a été rappelé que le développement durable repose sur trois piliers : le développement économique, le développement social et la protection de l'environnement, qui doivent être construits aux échelons local, national, régional et mondial.

D'après UNESCO, *Éducation pour le développement durable*, 2003.

Doc. 1

1. Quels étaient les objectifs de ces conférences internationales ?
2. Sur quels piliers repose le développement durable ?
3. À quels niveaux le développement durable doit-il être mis en place ?

Doc. 2 : Développer le commerce équitable pour agir en faveur des petits producteurs des pays pauvres.
Le commerce équitable (ou solidaire) établit des rapports plus justes entre des producteurs des pays pauvres et les consommateurs des pays riches. Il offre aux paysans et artisans de ces pays un meilleur prix pour leurs produits ce qui leur permet de mieux vivre. Les consommateurs ont l'assurance d'avoir des produits de qualité.

4. Cherche dans un dictionnaire la définition de « équitable ».
5. Observe le Doc. 2. De quel produit s'agit-il ?
6. À quelle catégorie de pays appartient la Thaïlande ? Aide-toi du chapitre sur les inégalités de développement, pages 32 à 37.
7. D'après toi, quel est le but d'un commerce équitable ?

au développement durable ?

Doc. 3 : Faire reculer le désert : la « grande muraille verte » (Mongolie). Pour stopper l'avancée du désert de Gobi, la Mongolie a dressé un rempart végétal de 3 000 km.

8. Compare les deux types de paysages de part et d'autre de la barrière végétale (Doc. 3).

9. À quoi sert cette « muraille verte » ?

Doc. 4 : Préférer le vélo, la marche ou les transports en commun à la voiture individuelle (Paris).

10. Quels aménagements ont été faits dans cette rue pour permettre la circulation des vélos et des bus ?

11. Que produisent les voitures ? Aide-toi du Doc. 2 page 53.

12. Pourquoi vaut-il mieux prendre les transports en commun que la voiture individuelle ?

Shishmaref, le village qui fond

Shishmaref est un petit village d'une île en Alaska (États-Unis). La température a augmenté de 4 °C ces trente dernières années et la terre gelée sur laquelle sont construites les maisons fond. La mer attaque les côtes, qui reculent de 3 m par an. Les habitants doivent déménager à l'intérieur des terres pour empêcher la disparition de leur village.

Ce mur de pierre a été construit pour lutter contre l'érosion du sol à Shishmaref (Alaska, États-Unis).

Des paquebots échoués là où la mer d'Aral a disparu.

L'assèchement de la mer d'Aral

La mer d'Aral est une mer intérieure. Elle a perdu plus de la moitié de sa superficie depuis 1960. L'agriculture et le détournement des eaux des fleuves l'ont progressivement asséchée. La construction d'un barrage est actuellement en cours et pourrait permettre à la mer d'Aral de « survivre ».

Le Pédibus

Le Pédibus est un véritable autobus de ramassage scolaire, mais un autobus piéton et sans moteur ! Dans beaucoup de grandes villes, les parents accompagnent les enfants à tour de rôle à l'école. Le Pédibus a une ligne régulière, des arrêts, un horaire… Tout pour aller à l'école sans danger et sans polluer.

Les émissions de gaz à effet de serre

En 1997, une grande partie des États du monde se sont engagés lors du protocole de Kyoto à réduire leurs émissions de gaz à effet de serre. Certains pays, comme les États-Unis et la Chine, n'ont toujours pas signé cet engagement.

La pollution industrielle (Chine).

Pour économiser les ressources de la planète…

- Prendre des douches plutôt que des bains.
- Fermer les robinets qui coulent.
- Éteindre les lumières en quittant une pièce.
- Ne pas laisser les appareils électroniques en veille (téléviseurs, lecteurs DVD…).
- Mettre un pull et baisser le chauffage.
- Bien trier ses déchets pour bien recycler.
- Aller à pied ou à vélo à l'école.
- Écrire des deux côtés d'une feuille pour préserver les forêts.

Des poubelles pour le tri sélectif (São Paulo, Brésil).

LEXIQUE

Commerce équitable : commerce qui permet aux petits producteurs des pays pauvres de bénéficier d'une partie plus importante du prix payé par le consommateur.

Développement durable : développement qui répond aux besoins des gens du présent sans compromettre l'avenir des générations futures.

CARNET DE ROUTE

Pourquoi un développement durable ?

L'objectif du **développement durable** est de permettre à tous les hommes de vivre correctement aujourd'hui, sans compromettre l'avenir des générations futures ni celui de notre planète. Il s'appuie sur trois piliers :

- le **développement économique**, pour que tous les pays atteignent un niveau industriel et agricole qui permette à leurs habitants de subvenir à leurs besoins ;
- le **développement social**, pour supprimer la pauvreté et ses conséquences ;
- le **respect de l'environnement**, pour préserver les ressources de la planète.

Des solutions pour y parvenir

La **lutte contre la pauvreté** est une des priorités mondiales. Environ 1,1 milliard d'êtres humains vit avec moins de 1 € par jour. Une **agriculture raisonnée**, respectueuse de l'environnement et un **commerce équitable** sont des solutions pour garantir un revenu correct aux petits producteurs.

Freiner le réchauffement de la planète devient impératif pour empêcher des changements climatiques de grande ampleur. Il faut **réduire les émissions de gaz à effet de serre** produits notamment par l'industrie et la circulation automobile.

Un avenir commun

De nombreux pays commencent à prendre des mesures pour lutter contre la pauvreté et préserver la planète. De grandes **conférences internationales** ont pour but d'amener les États à s'engager pour la protection de l'environnement et la lutte contre le réchauffement climatique (protocole de Kyoto) et proposer un développement plus harmonieux de la planète.

J'étudie l'affiche d'une exposition

Une exposition est la présentation à un public de panneaux d'affichages ou de réalisations (œuvres d'art, affiches, photographies…). Elle peut être l'occasion d'informer les visiteurs sur un sujet précis.

Affiche pour l'exposition « Développement durable au quotidien » du Conseil général des Hauts-de-Seine.

Une affiche permet de donner envie au public de visiter l'exposition ou de participer à un événement. Elle présente :

- le thème de cet événement : « Le développement durable au quotidien » ;
- le slogan, une phrase qui attire l'attention : « Êtes-vous prêts à changer vos habitudes ? » ;
- les dates à laquelle se tient l'exposition : jusqu'en juin 2007 ;
- des photographies (ou des dessins) pour illustrer le thème.

Les photographies et les illustrations permettent de mieux comprendre de quoi traite l'exposition. Les visiteurs pourront y trouver des informations sur le développement durable et réaliser des expériences.

une exposition

Je réalise l'affiche de l'exposition

Par groupes, réalisez une affiche pour présenter votre exposition aux futurs visiteurs.
N'oubliez pas d'y placer :

- le titre de l'exposition ;
- le lieu où elle se déroule ;
- la période pendant laquelle elle se déroule ;
- une illustration (dessin ou photographie) en rapport avec le thème choisi ;
- un slogan pour donner envie aux visiteurs de venir.

Je rassemble des documents pour monter l'exposition

- Par groupes de 4, choisissez un thème du développement durable : « Préserver l'eau », « Économiser l'énergie », « Réduire nos déchets », « Protéger les animaux en danger »...

- Recherchez des documents sur le thème choisi pour préparer les panneaux de votre exposition. Il faut varier les documents (textes, photographies, dessins...) et les sources d'informations (la presse, Internet...). Vous pouvez découper des articles dans la presse, demander des brochures auprès d'associations (Fondation Nicolas Hulot pour la nature et l'Homme ...), d'ONG (GoodPlanet, WWF...) ou rechercher des textes ou des illustrations sur leurs sites Internet. Vous pouvez aussi contacter l'ADEME (Agence pour le développement et la maîtrise de l'énergie) et les Agences de l'Eau.

- Chaque groupe réalise un panneau d'affichage. Accompagnez les documents choisis d'une légende. Collez les documents sur le panneau d'affichage.

- Mettez en place votre exposition sur le développement durable sur les murs de la classe ou dans les couloirs de l'école, pour que tous les élèves et les parents puissent en profiter et s'informer.

Un panneau d'affichage dans une exposition.

PETIT DICTIONNAIRE DU MONDE

A

Agglomération : espace urbain formé d'une ville et de ses banlieues.

Agriculture industrielle : agriculture qui utilise des machines et des produits industriels (engrais, pesticides…).

Agriculture vivrière : cultures qui nourrissent les populations des campagnes proches.

B

Bidonville : habitat précaire dans les pays pauvres fait de matériaux de récupération.

C

Champ itinérant : espace agricole que l'on déplace d'une année sur l'autre pour permettre à la terre de se reposer.

Climat : ensemble de types de temps qui se succèdent au cours d'une année. Le climat se définit par les températures et les précipitations.

Commerce équitable : commerce qui permet aux petits producteurs des pays pauvres de bénéficier d'une partie plus importante du prix payé par le consommateur.

Continent : immense étendue de terre entourée d'océans.

D

Densité de population : nombre d'habitants vivant sur un espace carré d'un kilomètre de côté.

Développement : amélioration des conditions de vie d'une population (espérance de vie, revenus, scolarité, santé…).

Développement durable : développement qui répond aux besoins des gens du présent sans compromettre l'avenir des générations futures.

E

Espérance de vie : nombre moyen d'années que vit une population.

F

Famine : manque de nourriture qui entraîne la mort des gens.

L

Lignes imaginaires : lignes tracées par les navigateurs et les géographes pour se repérer à la surface du globe.

M

Malnutrition : nourriture insuffisante ou mal équilibrée.

Mégalopole : région urbaine de très grande dimension qui regroupe plusieurs agglomérations.

Métropole : très grande agglomération.

Migration : déplacement et changement de résidence d'une personne ou d'un groupe.

Milieu : espace défini par la végétation, les animaux, le climat et le relief.

O

Océan : très vaste étendue d'eau salée.

ONG : organisation non gouvernementale (Médecins sans frontières, Croix-Rouge…).

P

Paysage rurbain : paysage rural sur lequel déborde la ville.

Plaine : étendue plane et basse.

Planisphère : représentation à plat du globe terrestre.

Plateau : étendue plate dans laquelle les vallées sont encaissées.

Précipitation : humidité qui tombe du ciel sous forme de pluie, de neige ou de grêle.

R

Rizière : champ inondé où l'on cultive le riz.

S

Sphère : boule.

U

Urbanisation : concentration de la population dans les villes.

Crédits photographiques

Planisphère des sites classés au Patrimoine de l'Humanité de l'UNESCO : *ruines maya de Tikal (Guatemala)* : © L. Diaz Romero / Hoa-Qui / Eyedea ; *cité inca du Machu Picchu (Pérou)* : © P. Escudero / Hoa-Qui / Eyedea ; *Brasilia, esplanade des Ministères et centre-ville (Brésil)* : © G. Boutin / Hoa-Qui / Eyedea ; *temple de Ramsès II, Abou Simbel (Égypte)* : © J. Fuste Raga / Age Fotostock / Hoa-Qui / Eyedea ; *monastère Varlaam et chaîne du Pinde, Météores (Grèce)* : © C. Vaisse / Hoa-Qui / Eyedea ; *château de Chambord (France)* : © G. Thouvenin / Explorer / Hoa-Qui / Eyedea ; *la Chaussée des Géants, Irlande du Nord (Royaume-Uni)* : © B. Lawrence / Imagestate / Eyedea ; *temples d'Angkor (Cambodge)* : © B. Morandi / Age Fotostock / Hoa-Qui / Eyedea ; *la baie d'Ha-Long (Viêt-Nam)* : © J.-L. Dugast / Hoa-Qui / Eyedea ; *la Grande Muraille (Chine)* : © F. Lukasseck / Age Fotostock / Hoa-Qui / Eyedea ; *lac Peyto, parc national de Banff (Canada)* : © F. Gohier / Hoa-Qui / Eyedea ; *les Chutes Victoria (Zimbabwe / Zambie)* : © P. De Wilde / Hoa-Qui / Eyedea ; *Aït-Ben-Haddou, Haut Atlas (Maroc)* : © D. Scott / Age Fotostock / Hoa-Qui / Eyedea ; *peintures rupestres aborigènes, parc de Kakadu (Australie)* : © P. Tweedie / Corbis ; *iguane, îles Galapagos (Équateur)* : © T. Ulrich / Stone / Getty Images. **Rabats :** *Bruges (Belgique)* : © B. Lawrence / Imagestate / Eyedea ; *grande barrière de corail (Australie)* : © E. Valentin / Hoa-Qui / Eyedea ; *rizière, province du Shaanxi (Chine)* : © P. Wang / Hoa-Qui / Eyedea ; *Aït Abou Kasbah, Haut Atlas (Maroc)* : © B. Morandi / Age Fotostock / Hoa-Qui / Eyedea ; *Manhattan, New York (États-Unis)* : © Kord.com / Age Fotostock / Hoa-Qui / Eyedea ; *manchots, Antarctique* : © D. Aures / Jacana / Eyedea. **P. 5 :** © R. Fox / Age Fotostock / Hoa-Qui / Eyedea. **P. 6 :** © QinetiQ / Imagestate / Eyedea. **P. 7 :** © J. Loic / Photononstop. **P. 10 h :** Vienne, collection particulière © E. Lessing / AKG Images. **P. 10 m :** © Photothèque Hachette. **P. 10 b :** © G. Gay / Photographer's Choice / Getty Images. **P. 11 :** © Gamma. **P. 13 :** © T. Van Sant / Geosphere Project, Santa Monica / Science Photo Library. **P. 15 h :** © B. Svensson / Age Fotostock / Hoa-Qui / Eyedea. **P. 15 b :** © J. Jangoux / Stone / Getty Images. **P. 16 h :** © E. Valentin / Hoa-Qui / Eyedea. **P. 16 b :** © Kord.com / Age Fotostock / Hoa-Qui / Eyedea. **P. 17 :** © M. Simpson / Taxi / Getty Images. **P. 21 h :** © Jouan / Rius / Jacana / Eyedea. **P. 21 m :** © M. Gounot / Petit Format / Hachette Photos Illustrations / Eyedea. **P. 21 b :** © T. Allofs / Zefa / Corbis. **P. 22 h :** © B. Krist / Corbis. **P. 22 m :** collection privée © Bridgeman Art Library. **P. 22 b :** © Smiley N. Pool / Dallas Morning News / Corbis. **P. 23 g :** © Y. Arthus-Bertrand / Corbis. **P. 23 d :** © Y. Arthus-Bertrand / Altitude. **P. 27 h :** © Y. Layma / The Image Bank / Getty Images. **P. 27 b :** © C. Jouan / J. Rius / Hoa-Qui / Eyedea. **P. 29 :** © J.-L. Manuad / Rapho. **P. 30 h :** © R. Llewellyn / Imagestate / Eyedea. **P. 30 b :** © V. Durruty / Hoa-Qui / Eyedea. **P. 31 :** © P. Field / Eye Ubiquitous / Corbis. **P. 33 h :** © M. Renaudeau / Hoa-Qui / Eyedea. **P. 33 b :** © R. Klune / Corbis. **P. 34 :** © Selçuk Demirel. **P. 35 h :** © V. Capman / SIPA. **P. 35 b :** © BSIP / Cosulich. **P. 36 h :** © D. H. Wells / Age Fotostock / Hoa-Qui / Eyedea. **P. 36 m :** © T. Jouanneau / Corbis Sygma. **P. 36 b :** © Kelly-Mooney Photography / Corbis. **P. 37 :** © R. Brady / Imagestate / Eyedea. **P. 39 h :** © G. Irving / Stone / Getty Images. **P. 39 m :** © W. Bibikow / Age Fotostock / Hoa-Qui / Eyedea. **P. 39 b :** © J.-D. Joubert / Hoa-Qui / Eyedea. **P. 40 h :** © Y. Arthus-Bertrand / Altitude. **P. 40 b :** © O. Föllmi / Rapho. **P. 41 :** © M. Peres / Grandeur Nature / Jacana / Eyedea. **P. 42 h :** © H. Kurihara / Stone / Getty Images. **P. 42 m :** © C. Tréal / J.-M. Ruiz / Hoa-Qui / Eyedea. **P. 42 b :** © J. Hawkes / Corbis. **P. 43 :** © BSIP / OSF / R. Packwood. **P. 47 h :** © Age Fotostock / Hoa-Qui / Eyedea. **P. 47 b :** © T. Vieira / Folha Imagem. **P. 48 h :** © A. Cassidy / Stone / Getty Images. **P. 48 b :** © Kord.com / Age Fotostock / Hoa-Qui / Eyedea. **P. 49 :** © J.-C. Coutausse / Rapho. **P. 50 h :** © L. Psihoyos / Science Faction / Getty Images. **P. 50 m :** © T. Nebbia / Corbis. **P. 50 b :** © B. Morandi / Age Fotostock / Hoa-Qui / Eyedea. **P. 51 :** © Courtesy City of Chicago – Department of Environment. **P. 52 :** © E. Ruider / Rapho. **P. 53 :** © K. Baldev / Sygma / Corbis. **P. 54 :** © P. Aventurier / Gamma. **P. 55 h :** © G. Steinmetz / Cosmos. **P. 55 b :** © G. Rolle / REA. **P. 56 h :** © V. J. Musi / Aurora / Cosmos. **P. 56 m :** © F. Charel / Hoa-Qui / Eyedea. **P. 56 b :** © C. Garratt / Milepost 92 1/2 / Corbis. **P. 57 :** © J. Brecher / Corbis. **P. 58 :** Conception et réalisation : Direction de la Communication, Conseil général des Hauts-de-Seine – CG 92 Service Image. **P. 59 :** © D. Bringard / Bios.

Responsable éditoriale : Stéphanie-Paule SAÏSSE

Secrétaire d'édition : Delphine DEVEAUX

Création de la maquette de couverture : Laurent CARRÉ

Illustration de la couverture : Alain BOYER

Exécution de la maquette de couverture : TYPO-VIRGULE

Création de la maquette intérieure : Laurent CARRÉ

Mise en pages : TYPO-VIRGULE

Illustrations : Valérie STETTEN (fonds matières et cadres des pages « En savoir plus »),

Gilles POING (illustrations techniques et graphiques), Alain BOYER (fonds textes),

Nathalie DESVERCHÈRE (fonds matières des « Carnets de route »)

Cartographie : DOMINO (Nathalie GUÉVENEUX)

Recherche iconographique : Delphine DEVEAUX

Fabrication : Olivier LE GALL

Achevé d'imprimer en Espagne par Cayfosa-Quebecor.
Dépôt légal: Avril 2008 - Collection n°74 - Edition 03
11/7372/3